Ferdinand August Müller

Das Problem der Kontinuität in Mathematik und Mechanik

Historische und systematische Beiträge

bremen
university
press

Ferdinand August Müller

Das Problem der Kontinuität in Mathematik und Mechanik

Historische und systematische Beiträge

ISBN/EAN: 9783955622572

Auflage: 1

Erscheinungsjahr: 2013

Erscheinungsort: Bremen, Deutschland

@ Bremen-university-press in Access Verlag GmbH, Fahrenheitstr. 1, 28359 Bremen. Alle Rechte beim Verlag und bei den jeweiligen Lizenzgebern.

bremen
university
press

Das

Problem der Continuität

in

Mathematik und Mechanik.

Historische und systematische Beiträge

von

Dr. Ferdinand August Müller,

Privatdocent der Philosophie an der Universität Giessen.

Marburg.

N. G. Elwert'sche Verlags-Buchhandlung.

1886.

Vorwort.

Es scheint vielleicht, dass ich selbst gegen das Gesetz des stetigen Zusammenhangs, dessen universelle Bedeutung die nachstehende Abhandlung eindringlich machen soll, verstosse, indem ich auf meine Erstlingsschrift über Psychophysik zunächst eine Untersuchung folgen lasse, welche ein scheinbar fremdartiges Gebiet betritt. Indessen sind die Beziehungen beider Publicationen enger, als sie es schon durch die Uebereinstimmung der benutzten Methode sein würden. Wenn das Resultat der früheren Ermittelungen war: die Grössenbegriffe müssen, um wissenschaftliche Erfahrung zu geben, in Raum und Zeit construirt werden und deshalb darf der Empfindung weder extensive noch intensive Grösse beigelegt werden, so wird sich jetzt die Art und Weise, wie sich die Grössenbegriffe in der Anschauung construiren, und welche Methoden als Resultate dieser Construction hervorgehen, mit grösserer Präcision bestimmen lassen, als es in jener ersten Schrift möglich war, in welcher der erkenntnisstheoretische Teil nur eine polemische Aufgabe hatte.

Ich sehe voraus, dass gegen Resultate und Darstellung der folgenden Capitel nicht weniges wird eingewandt werden. Jene mögen sich selbst verteidigen; der letzteren aber zur Rechtfertigung möchte ich auf den Zusatz verweisen, welchen ich dem Titel beigefügt habe. Nicht eine Theorie der Continuität verspricht er, sondern »historische und systematische Beiträge« zum Problem der Continuität. Hätte ich meine Aufgabe nicht in diesem Sinne eingeschränkt, dann hätte ich zweifellos auf Aristoteles zurückgehen müssen, wo sich die ersten Spuren des Continuitäts-Problems finden, hätte den Anteil der Scholastiker zu berücksichtigen gehabt, welche sich ebenfalls schon mit unserem Problem abmühten (worüber J. J. B a u m a n n, die Lehren von Raum, Zeit und Mathematik in dem Abschnitt über S u a r e z Beiträge geliefert hat), hätte endlich auch tieferes Eingehen auf die moderne Literatur nicht vermeiden können. Berechtigt aber durch die angegebene Beschränkung glaubte ich mit L e i b n i z beginnen zu können, da dieser der Vater der sogenannten Lex continuitatis ist, und da er ferner das bedeutende Verdienst hat die Geltung des Continuitätsprincips auch in der Mechanik erkannt zu haben. Als nächste Stufe ergab sich dann von selbst die Untersuchung, welcher Platz dem Princip in der k r i t i s c h e n P h i l o s o p h i e einzuräumen sei. Um diese Stelle zu ermitteln, waren Auseinandersetzungen über Quantität und Qualität, Substanz, Causalität und Wechselwirkung nicht zu umgehen, was demjenigen von vorn herein nicht verwunderlich sein wird, der mit dem Begriff der Continuität etwas Anderes, als den des blossen Stetigseins zu verbinden sich gewöhnt hat. —

Das Wort des Plinius beherzigend: »Est enim benignum et plenum ingenui pudoris, fateri per quos profeceris« habe ich alle die Schriften angeführt, durch welche ich wirklich gefördert worden bin. Wieviel ich Altes aufgenommen, wieviel ich umgestaltet und Neues gegeben, mögen Andere entscheiden; wer in solchen Dingen Partei ist, irrt sich meist zu seinen eigenen Gunsten. Dagegen glaubte ich über Manches, was ich gelesen, Stillschweigen beobachten zu dürfen, weil sich herausstellte, dass das betreffende Werk nur als Secundärquelle zu betrachten sei. Dies gilt besonders für D ü h r i n g 's Geschichte der Mechanik. Im Anfang für die geistvolle Entwicklung lebhaft eingenommen, fand ich schliesslich, dass Dühring überall da Treffliches leistet, wo er die meisterhafte Darstellung L a g r a n g e 's breiter ausführt und paraphrasirt, während ihn das Urteil sofort im Stich lässt, wenn er diesen Führer verliert. Ich gehöre nicht zu denen, welche ein freies Wort, und wenn es einer Gesellschaftsclasse noch so unangenehm wäre, für ein Vergehen halten; daher glaubte ich meine Uebergehung Dühring's, dessen Verdienste in anderen Richtungen ich nicht leugne, rechtfertigen zu müssen, um nicht in den Verdacht persönlicher Rücksichten zu kommen, die ich in wissenschaftlichen Dingen, so förderlich sie dem Einzelnen sein mögen, für den Tod jedes Fortschritts halte.

G i e s s e n , im Juli 1886.

Der Verfasser.

Einleitung.

In der unvollendet gebliebenen Abhandlung, welche Kant zur Beantwortung der von der Kgl. Akademie der Wissenschaften in Berlin für das Jahr 1791 ausgesetzten Preisfrage: „Welches sind die wirklichen Fortschritte, die die Metaphysik seit Leibniz's und Wolff's Zeiten in Deutschland gemacht hat?" verfasste, unterzieht er die Leibnizischen Verdienste um die Metaphysik einer ausserordentlich scharfen Kritik. Das Neue, welches Leibniz und nach ihm Wolff in die theoretische Philosophie zu bringen versucht haben, bestehe in vier Sätzen: Dem Satz der Identität des Nichtzuunterscheidenden (principium identitatis indiscernibilium), dem Satz des zureichenden Grundes, der prästabilirten Harmonie und endlich der Monadologie. Kant überlässt es dem Urtheil derer, „die sich darin durch grosse Namen nicht irre machen lassen"[1]), zu entscheiden, ob diese Versuche als Fortschritte zu bezeichnen seien, wenngleich nicht in Abrede gestellt wird, dass sie dazu vorbereitet haben mögen.

Den Grundirrtum Leibniz' erblickt Kant hier, wie in der „Kritik der reinen Vernunft" darin, dass derselbe alles das für unmöglich gehalten habe, was er nicht durch blosse Verstandesbegriffe vorstellig machen konnte, dass ihm die Bedeutung, welche die reine Anschauung apriori als Princip des Erkennens hat, gänzlich verborgen geblieben, indem er dieselbe intellectuirte und in lauter verworrene Begriffe verwandelte. „Leibniz nahm die Erscheinungen als Dinge an sich selbst, mithin für intelligibilia, d. i. Gegenstände des reinen Verstandes, (ob er gleich, wegen der Verworrenheit ihrer Vorstellungen, dieselben mit dem

---

[1]) VIII., 547 (Kant's Werke, herausgegeben von Hartenstein 1867).

Namen Phänomene belegte[1])" er errichtete „ein intellectuelles System der Welt, oder glaubte vielmehr der Dinge innere Beschaffenheit zu erkennen, indem er alle Gegenstände nur mit dem Verstande und den abgesonderten formalen Begriffen seines Denkens verglich[2])".

Es ist historisch und psychologisch bemerkenswert, dass Kant in der gegen Eberhard gerichteten Streitschrift: „Ueber eine Entdeckung, nach der alle neue Kritik der reinen Vernunft durch eine ältere entbehrlich gemacht werden soll" (1790) in einer Weise über die Leibnizische Philosophie spricht, die ganz ausserordentlich von der erbitterten Polemik in der fast aus derselben Zeit stammenden Bearbeitung der Preisaufgabe abweicht. Während er in dieser die Leibnizischen Philosopheme Grundsätze nennt, „die selbst dem gesunden Verstande Gewalt anthun und die keine Haltbarkeit haben[3])" sucht er, gegen Eberhard polemisirend, den Leibnizischen Aufstellungen gerecht zu werden und erblickt z. B. in der prästabilirten Harmonie — ob mit Recht, möge dahingestellt bleiben — einen Versuch, die zwischen Denk- und Naturgesetzen bestehende Zusammenstimmung zu erklären. Kant schliesst die Rechtfertigung Leibniz' mit den für alle historische Forschung auf dem Gebiet der Philosophie beherzigenswerten Worten: „So möchte denn wohl die Kritik der reinen Vernunft die eigentliche Apologie für Leibniz, selbst wider seine, ihn mit nicht ehrenden Lobsprüchen erhebenden Anhänger sein; wie sie es denn auch für verschiedene ältere Philosophen sein kann, die mancher Geschichtschreiber der Philosophie bei allem ihnen ertheilten Lobe doch lauter Unsinn reden lässt, dessen Absicht er nicht erräth, indem er den Schlüssel aller Auslegungen reiner Vernunftproducte aus blosen Begriffen, die Kritik der Vernunft selbst, (als die gemeinschaftliche Quelle für alle,) vernachlässigt und über dem Wortforschen dessen, was jene gesagt haben, dasjenige nicht sehen kann, was sie haben sagen wollen[4])".

Es lässt sich die auffallende Verschiedenheit des polemischen

---

1) Kritik der reinen Vernuft (ed. Kehrbach) S. 241.
2) Ibid. S. 245
3) VIII. 543.
4) VI., 68

Tones am einfachsten wol dadurch erklären, dass Kant in der Bearbeitung der Preisfrage ebenso wie in der Kritik die Mängel der Leibnizischen Philosophie hervorkehren musste, um den Fortschritt des kritischen Systems deutlich zu machen, während er in der gegen Eberhard gerichteten Streitschrift, erbittert über den Versuch, die kritische Philosophie durch eine ältere entbehrlich zu machen, dem Epigonen zeigen wollte, wie schlecht er Leibniz verstehe, den er gegen Kant auszuspielen gedachte.

Indessen, so dankbar wir die bessere Würdigung anerkennen, die Kant in der letzterwähnten Abhandlung Leibniz zu Theil werden lässt, so muss doch darauf hingewiesen werden, dass er selbst da, wo er in der Leibniz'schen Philosophie die Keime des Kriticismus an's Licht zu ziehen sucht, den Punkt des intimsten Zusammenhangs mit der kritischen Philosophie unberührt lässt. Denn es wird weder unter den vier Theoremen, die in der Bearbeitung der Berliner Preisaufgabe als Leibniz eigentümlich, noch unter den dreien, die in der gegen Eberhard gerichteten Schrift aufgezählt werden, desjenigen Gesetzes gedacht, auf welches Leibniz selbst einen sehr bedeutenden Wert legt, welches er widerholt anführt, formulirt und mit Beispielen belegt, welches Kant in der Dissertation vom Iahre 1770 (De mundi sensibilis atque intelligibilis forma et principiis) „hanc Leibnitii legem[1)]" nennt: Des Gesetzes der Continuität (lex continuitatis).

Wir haben in dieser Uebergehung einen Beleg für den Hegel'schen Gedanken, dass wir den systematischen Zusammenhang eines Individuums oder eines Volkes nicht blos in den Verbindungen suchen müssen, welche ihm selbst zum Bewustsein gekommen sind, oder, wie Cohen es in der Einleitung zur zweiten Auflage von „Kants Theorie der Erfahrung" ausdrückt: „Nur dann verstehen wir geschichtlich eine Erscheinung, wenn wir sie in demjenigen Zusammenhang begreifen, welcher ihr selbst verborgen bleiben muss[2)]". Kant polemisirt gegen Leibniz, er zählt die Grundsätze auf, durch welche derselbe geglaubt habe, die Metaphysik zu fördern, dasjenige Gesetz aber, welches am deutlichsten den Zusammenhang Kant's mit Leibniz markirt,

---

1) II., 407.
2) S. 3.

welchem in dem kritischen System sogar ein hervorragenderer Platz gebührt, als sein Urheber ihm selbst eingeräumt hat, das Gesetz der Continuität, wird in der Zusammenstellung nicht erwähnt. Es war wohl Gerhardt, der verdiente Herausgeber des Leibnizischen Nachlasses, der durch wiederholte und nachdrückliche Hinweisung auf dieses Gesetz die Aufmerksamkeit von neuem auf dasselbe gelenkt und damit das Interesse für den Zusammenhang erweckt hat, der gerade bei diesem Princip zwischen Leibniz und Kant unzweifelhaft besteht.

Freilich, so äusserlich sind die Beziehungen in der Entwicklungsgeschichte des Geistes nicht, dass es berechtigt wäre, zu sagen: Kant habe das Gesetz der Continuität von Leibniz entlehnt und damit einen Theil von dessen Philosophie in sein System hinübergenommen. Denn Leibniz hat zwar die Thatsache der Continuität in weitem Umfange erkannt, das Problem begriffen, welches sie birgt und einen Versuch gemacht, es durch seine Monadologie zu lösen; aber der Versuch ist nicht gelungen und es bedeutet bei diesem Problem die Kantische Lösung denselben Fortschritt, wie das kritische System im Ganzen gegenüber dem Leibnizischen Philosophiren. Auf dem Gebiet der Philosophie giebt es Entdeckungen und Eigenthumsrechte nur in sehr eingeschränktem Masse. Auch Raum und Zeit, auch Substanz und Causalität waren wissenschaftliche Begriffe, ehe Kant seine Kritik schrieb. Dass aber die Denkeinheiten, die wir Substanz und Causalität nennen, theoretische Geltung nur haben für mögliche Erfahrung, d. h. dass sie durch ihre, zunächst zeitlichen Schemata restringirt seien und als Ideen nicht constitutive, sondern nur regulative Bedeutung haben, das ist die welthistorische That Kant's, die, so unscheinbar sie in ihren Anfängen scheint, eine vollständige Revolution der Denkart hervorgerufen, das wissenschaftliche Denken des Jahrhunderts in die Bahnen seines Geistes gezwungen hat.

Indem wir daher unternehmen, an dem Problem der Continuität den Zusammenhang Kant's mit Leibniz schärfer hervortreten zu lassen, als es dem seine historischen Beziehungen prüfenden Kant, ohne das Gesetz der Continuität zu berücksichtigen, möglich war, so wird durch diesen Versuch die Selbstständigkeit des kritischen Systems nicht im mindesten alterirt; denn, um es noch einmal zu wiederholen, was Continuität sei, lässt sich nur vom kritischen System aus verstehen. Als systematischer Vortheil der zunächst historischen Untersuchung aber wird sich vielleicht ergeben, dass einer der dunkelsten Theile der Kantischen Philosophie, die Qualitätskategorien und besonders die Realität in ein besseres Licht gesetzt werden. Wir wagen zu behaupten, dass, hätte Kant dem Bausteine der Continuität nicht einen so unbedeutenden Platz in dem systematischen Gebäude, welches er aufführte, angewiesen, ihm manchen Angriff und mancher — Anschluss erspart geblieben wäre, den er im Laufe des Jahrhunderts hat erleiden müssen.

In seinem „Princip der Infinitesimal-Methode" hat Cohen es unternommen, das, was Kant aus jedenfalls ungerechtfertigten Bedenken unterlassen: dem Gesetz der Continuität eine seinem Rang entsprechende Stelle anzuweisen. „Die Continuität bezeichnet einen allgemeinen Charakter des Bewusstseins, ähnlich wie die Identität. Sie ist daher ein Special-Ausdruck des allgemeinen Gesetzes der Einheit des Bewusstseins[1])". Als prägnantes Resultat findet Cohen: Dass das räumliche Differential dx nicht hinreichend garantirt sei durch die Zahlkategorien, dass es Repräsentant sei einer der Qualitätskategorien: der Realität.

Es ist wol kaum notwendig, bereits hier dieser höchst beachtenswerten Consequenz aus der besseren Würdigung des Continuitätsgedankens nahezutreten; ist es ja im Verlaufe einer Untersuchung über die Stetigkeit unumgänglich, auf die Bedeutung des Differentials einzugehen. Ausdrücklich aber soll schon in diesen einleitenden Zeilen anerkannt werden, dass auch bei dem Problem der Continuität Cohen einen ausserordentlich wertvollen Anstoss gegeben hat, indem er auf die Qualitätskategorien hinwies als diejenigen synthetischen Einheiten, die allein im Stande sind, den schwierigen Gedanken zu bewältigen, welcher der Continuität nicht weniger als der Infinitesimalrechnung zu Grunde liegt. Nur glaube ich, dass Cohen seinen Gedanken-

---

1) S. 35.

gang nicht weit genug ausgedehnt hat, indem er nicht versuchte, den Uebergang von Mathematik auf Mechanik mittelst seiner Realitätstheorie zu machen, wo er dann gefunden haben würde, dass so einfach, wie er sie aufstellt, die Lösung des Problems nicht ist. Sollten indessen die folgenden Untersuchungen etwas beitragen zum besseren Verständnis des Infinitesimal-Calculs und des Realitätsbegriffs, so gebührt ein wesentliches Verdienst demjenigen, welcher die Realität loslöste von der Empfindung und durch diese Isolirung einen andern Anschluss notwendig machte. Wie derselbe, besonders mit Rücksicht auf die Mechanik, zu erfolgen hatte, konnte Cohen wol nur vorübergehend verborgen bleiben, da er durch die Kantischen Aufstellungen selbst vorgezeichnet ist.

Wir werden unsere Erörterungen über das Gesetz der Continuität und den im engsten Zusammenhang stehenden Begriff der Qualität mit einer historischen Skizze über die Bedeutung des Gesetzes bei Leibniz beginnen. — Die Untersuchung ist nicht leicht; denn Leibniz, der vor lauter Correspondenz keine Zeit fand, seine Gedanken systematisch zu gestalten, hat durch die Zersplitterung seiner Aufzeichnungen eine einheitliche Darstellung seiner Philosophie ausnehmend erschwert. Doch wird es, wie wir hoffen, deutlich werden, dass die fruchtbarsten Gedanken des grossen Polyhistors gerade mit dem Gesetze der Continuität zusammenhangen, sich um dasselbe gruppiren lassen. An diesen historischen Versuch soll sich dann die Einpassung des Continuitätsgesetzes in das Gefüge des kritischen Systems schliessen. Ich fürchte nicht, dass die Verknüpfung der beiden Theile zu äusserlich erscheinen wird. Denn nur dem durch die historische Forschung geschärften Blick kann es gelingen, denjenigen Eingang zum System des kritischen Idealismus zu finden, welcher am sichersten auf die Zinne des besten Ueberblicks führt: den Schematismus der reinen Verstandesbegriffe.

Erster Abschnitt.

Capitel I.

Das Gesetz der Stetigkeit bei Leibniz. Mechanische Continuität und Elasticität.

Leibniz hat dem Gesetz der Continuität eine grosse Bedeutung beigelegt; er nimmt wiederholt für sich die Urheberschaft in Anspruch und weist an zahlreichen Stellen auf seine Fruchtbarkeit hin. Auch die Formulirung ist im allgemeinen übereinstimmend, was bei anderen, von Leibniz neu aufgestellten Grundsätzen nicht immer der Fall ist, da Leibniz erst im Correspondiren und an den Einwürfen der Gegner seine Ansicht zu bilden, zu verbessern und zu präcisiren pflegte.

Die bekannteste Stelle, an welcher Leibniz das Gesetz ausspricht, und auf welche er selbst mehrere Male hinweist[1]), findet sich Nouvelles de la République des Lettres, Juli 1687 und lautet so:

»Lorsque la différence de deux cas peut être diminuée au dessous de toute grandeur donnée in datis ou dans ce qui est posé, il faut qu'elle se puisse trouver aussi diminuée au dessous de toute grandeur donnée in quaesitis au dans ce qui en résulte. Ou pour parler plus familièrement: lorsque les cas (ou ce qui est donné) s'approchent continuellement et se perdent enfin l'un dans l'autre, il faut que les suites ou évenemens (ou ce qui est demandé) le fassent aussi. Ce qui dépend encore d'un principe plus général, savoir: datis ordinatis etiam quaesita sunt ordinata. Mais pour l'entendre, il faut des exemples«[2]).

Diese Formulirung, welche sich in einer lateinischen, von Gerhardt aus den Manuskripten der kgl. Bibliothek in Hannover

---

1) Math. Schriften, herausgegeben von C. J. Gerhardt IV, 219, VI, 249, Erdmann 605.

2) Erdmann, S. 105.

herausgegebenen Abhandlung: Principium quoddam generale non in mathematicis tantum sed et physicis utile, cujus ope ex consideratione sapientiae divinae examinantur naturae leges, qua occasione nata cum R. P. Mallebranchio controversia explicatur et quidam Cartesianorum errores notantur[1]) so übereinstimmend wiederfindet, dass der französische Text als eine Uebersetzung aus dem lateinischen erscheint, ist wenig glücklich. Die auffallende Unbestimmtheit des Ausdrucks, die Leibniz zu dem Zusatz veranlasst: Mais pour l'entendre il faut des exemples oder wie es in der lateinischen Abhandlung heisst: Sed regula illustranda est exemplis facilibus, quo melius appareat ratio ipsam in usum transferendi dürfte daher rühren, dass Leibniz alle unter das Continuitätsgesetz gehörenden Thatsachen in einem einheitlichen Ausdruck zusammenfassen wollte, ein Versuch, der nothwendigerweise zu Unklarheiten in der Stilisirung führen muss. Unter den Beispielen macht Leibniz selbst eine scharfe Trennung, er unterscheidet deutlich die zur Mathematik von den zur Mechanik gehörigen Fällen des Gesetzes. Es ist hier noch nicht der Platz, ausführlich auf diese Beispiele einzugehen, doch seien zur vorläufigen Orientirung aus der ersten Gruppe angeführt: der stetige Uebergang der Ellipse in die Parabel, die Auffassung der Parallelen als convergente Linien mit unendlich fernem Schnittpunkt; aus der zweiten Gruppe sei als Beispiel nur herangezogen, dass für Leibniz die Ruhe, kraft des Stetigkeitsgesetzes, ein Specialfall der Bewegung, nämlich unendlich kleine Bewegung ist.

Da, wo Leibniz entsprechend der in den Beispielen vorgenommenen Sonderung auch in der Textirung des Gesetzes die Continuität in der Mathematik von der in der Mechanik scheidet, verschwinden die Unklarheiten, welche der oben wiedergegebenen Formulirung anhaften. Besonders belehrend und deshalb geeignet, den Ausgangspunkt unserer Betrachtungen zu bilden, ist ein Brief an Johann Bernoulli, datirt Hannover, 20/30. September 1698[2]), in dessen zweiten, auch zur Mittheilung an de Volder

---

1) Math. Schriften VI, 129.
2) III, 538, die Hauptstelle S. 544.

bestimmten Postscriptum Leibniz seine Ansicht über den Ursprung der Elasticität ausspricht. Jeder noch so kleine Körper wird nach seiner Auffassung von einem viel subtileren Fluidum umgeben und durchdrungen: daher die Elasticität der Körper. »Sonst«, fährt Leibniz fort, »würde jenes grosse und wie mir scheint, unverletzliche Axiom der geordneten Natur (Naturae ordinatae Axioma) verletzt werden, das ich Lex continuitatis nenne, nämlich: nullum in transitionibus esse saltum, et quod adeo nulla mutatio assignabilis fit in instanti, neque proinde a motu ad quietem vel contrarium motum, aut vice versa, nisi per intermedios gradus transiri potest »Die, welche daher, »ut quidem faciunt vulgo omnes,« feststellten, dass die Bewegung nicht sprungweise geschehe, oder dass ein Körper von einer Stelle zu einer andern nur durch die dazwischenliegenden Oerter übergehe, haben die Wahrheit gesehen, aber nicht die ganze: idem enim observatur non minus in gradibus quam in locis.

Hier findet sich also die geforderte Eintheilung mit aller wünschenswerthen Deutlichkeit. Die Continuität des räumlichen Uebergangs wird als etwas selbstverständliches, Allen bekanntes vorausgesetzt; die durchaus nicht so zu Tage liegende Continuität des Grades ausgesprochen zu haben aber nimmt Leibniz als sein Verdienst in Anspruch. Mit welchem Recht aber kann diese gefordert werden? Wie ist es zu erweisen, dass keine angebbare (assignabilis) Geschwindigkeitsänderung in einem Moment und dass der Uebergang von Ruhe zur Bewegung oder umgekehrt durch alle zwischenliegenden Grade erfolgt?

Dass das Gesetz auf diesem Gebiet nicht selbstverständlich ist, beweist Descartes, der ausdrücklich bestreitet, dass ein Körper alle Grade der Geschwindigkeit passiren müsse, wenn er anfängt sich zu bewegen. »Ich sehe nichts besseres,« schreibt er in einem Briefe an Mersenne, »um diejenigen zu überführen, welche behaupten, ein Körper gehe durch alle Grade der Geschwindigkeit, wenn er anfängt sich zu bewegen, als ihnen zwei äusserst harte Körper (deux corps extrêmement durs) zu proponiren, einen sehr gross, der sich bewegen soll durch die Kraft, welche man ihm durch einen Stoss eingeprägt hat, derart, dass die ihn anfänglich bewegende Ursache nicht mehr wirkt, wie eine Kanonenkugel in der Luft fliegt, nachdem sie durch das Pulver angetrieben worden ist, und einen andern, sehr kleinen Körper, der in der Luft auf dem Wege aufgehängt ist, welchen der grössere passirt«. Was wird geschehen? der kleinere Körper B wird von dem grösseren A vor sich her getrieben. Würde nun B die Geschwindigkeit der Kanonenkugel A nur in der Weise erlangen können, dass er auch alle kleineren Geschwindigkeitsgrade durchliefe, so müsste auch die Kanonenkugel die sich in unmittelbarer Berührung mit B befindet, alle Grade, durchmachen. Aber, so argumentirt Descartes, würde die Kanonenkugel einmal ihre Geschwindigkeit eingebüsst haben, so könnte sie dieselbe nicht wiedererlangen, da die wirkende Ursache aufgehört hat. „Mais si celui, qui suit (die Kanonenkugel) va fort lentement pendant un seul moment il n'y aura point de raison qui lui fasse par après reprendre sa première vitesse à cause que la poudre à canon qui l'avoit poussé n'agit plus; et quand un corps a été un moment sans se mouvoir, ou à se mouvoir fort lentement, c'est autant que s'il y avoit été plus long -- temps[1])‟

In dem folgenden Briefe an denselben kommt Descartes nochmals auf diesen Vorgang zurück. »Ce que j'ai dit d'un boulet de canon parfaitement dur, qui rencontre un autre corps plus petit, et aussi parfaitement dur, ce n' étoit pas pour prouver qu'il y a de tels corps parfaitement durs sur la terre, mais seulement pour dire que les lois de la nature ne requièrent point que les corps qui commencent à se mouvoir passent par tous les degrés de vitesse: car si elles ne le requièrent point en ceux qui sont parfaitement durs, il n'y a point de raison pourquoi elles le requièrent plutôt en tous les autres[2]).

Descartes behauptet also nicht, dass es vollkommen harte Körper gebe; aber er findet auch keinen Widerspruch in solchen Körpern und da für sie die Continuität des Uebergangs nicht bestehen kann, sondern der kleinere Körper in einem Moment

---

1) Oeuvres de Descartes, publiées par V. Cousin, IX, 71.
2) IX, 77.

und mit einem Sprung die Geschwindigkeit des grösseren annehmen muss, so kann für Descartes die mechanische Continuität kein allgemeines Naturgesetz sein. Diese mangelnde Einsicht in das Wesen der mechanischen Veränderung ist bei dem bedeutenden Ansehen, welches auch die physikalischen Lehren Descartes' bei seinen Zeitgenossen hatten, nicht ohne Wirkung geblieben. So bestreitet, wie ich der Mach'schen Geschichte der Mechanik entnehme, auch Mariotte, dass jede endliche, auch die kleinste Geschwindigkeit einer gewissen Zeit zum Entstehen bedürfe[1]).

Hiergegen nun wendet sich Leibniz mit derjenigen Energie, die ihm überall da eigen ist, wo er cartesische Ansichten zu widerlegen sucht. Es giebt keine vollkommen harten Körper, „la nature ne souffre point de corps durs non — elastiques[2])", alle Körper sind elastisch, die Ausnahmen sind nur scheinbar. Manche Körper gleichen einem mit elastischen Kugeln gefüllten Sack. Ein solcher würde beim Stoss nicht vollkommen elastisch erscheinen, weil die Theile nicht genug verbunden sind, um ihre Veränderung auf das Ganze zu übertragen. Die Stetigkeit der mechanischen Veränderung ist daher ein allgemeises Naturgesetz, weil sie auf der allen Körpern innewohnenden (inexistens) Elasticitätskraft beruht. „Ita enim fit", heisst es im Anschluss an die früher aus dem Briefe an Joh. Bernoulli citirten Sätze, „ut corpora in concursu sese comprimentia et mox restituentia paulatim sibi cedant et graduali translatione directiones viresque et ipsas, ut demonstratum vidisti, actionum motricium quantitates (longe a vulgo intellecta Quantitate motus diversas) conservent". Durch dieses Principium Naturae liessen sich auch die Atome des Demokrit und verschiedene von Cartesius, Malebranche und Andern der Natur beigelegte Gesetze gleichsam oculari examine widerlegen.

Es ist also an dieser Stelle in der That die von Stadler[3]) vermisste Ableitung des Gesetzes versucht. Indessen scheint ihr eine sehr bedenkliche Einschränkung anzuhaften; denn nach

---

1) Die Mechanik in ihrer Entwicklung, S. 289.
2) Essay de dynamique, VI, 229.
3) Kant's Theorie der Materie, S 192.

dem Wortlaut der Stelle scheint es, als ob Leibniz die Continuität der Geschwindigkeitsänderung nur beim elastischen Stoss auf die allen Körpern innewohnende, durch ein subtiles Medium zu erklärende Elasticität gründe. Aber wie steht es mit der Giltigkeit des Continuitätsprincips bei andern mechanischen Veränderungen, z. B. beim freien Fall, demjenigen Naturvorgang, mit dessen Ergründung, wie Leibniz wohl wusste, die moderne Mechanik ihren Anfang genommen hat? Wie ist da die Stetigkeit der Geschwindigkeitsänderung zu erklären?

Die Schwierigkeit löst sich überraschend einfach: trotzdem es scheint, dass die Worte: Haec autem evitatio saltus in mutationibus corporum obtinetur per vim elasticam ipsis inexistentem. Ita enim fit . . . und was folgt, sich nur auf das Zusammentreffen zweier „sensibler[1])" Körper bezieht, so muss für die Schwere die Stetigkeit der Veränderung ebenfalls bestehen, weil Schwere und Elasticität durch dasselbe Prinzip, die Bewegung eines subtilen Fluidums erklärt werden. „Gravitatem vero, Vim Elasticam, Attractiones, Repulsus, Directiones Magneticas et alia id genus mechanice explicanda censeo", heisst es noch am Schluss in dem mehrfach benutzten Briefe; die Gleichartigkeit dieser Kräfte und ihre mechanische Erklärung durch die Bewegung eines feinen Fluidums ist aber ein so specifisch Leibnizischer Gedanke, dass es nicht unterlassen wird, ihn an ungemein zahlreichen Stellen zu betonen. Liegt doch in ihm die fundamentalste Abweichung von der Weltanschauung seines grossen Nebenbuhlers Newton.

Dieser hatte in seinem für alle Zeiten classischen Werke: Philosophiae naturalis principia mathematica, in deutlicher Opposition gegen Cartesius und dessen Wirbeltheorie die Anziehung nicht weiter zu „erklären" versucht, sondern eine Anziehungskraft statuirt und deren Gesetze ermittelt. Leibniz glaubte, die Vis attractionis mechanisch erklären zu müssen und macht an nicht wenigen Stellen dem Newton heftige Vorwürfe, dass er sich bei einer solchen qualitas occulta beruhigt habe. „Magis

---

1) Der Ausdruck findet sich bei Leibniz VI, 27, 75 (Hypothesis physica nova.)

adhuc mirum est, Newtonum statuisse attractionem, quae mechanice non fiat[1])". „Itaque miraculis opus habet, nec sine perpetuis miraculis suam attractionem explicare poterit[2])". Und noch schärfer in einem etwas späteren Briefe: „Itaque quidquid ex naturis rerum inexplicabile est, quemadmodum attractio generalis materiae Newtoniana aliaque ejusmodi, vel miraculorum est, vel absurdum[3])". An Nicolaus Bernoulli schreibt er: „Interim non dubito, omnes attractiones esse ab impulsione, et miror, Anglos tamquam inventa fruge glandibus vescentes ad qualitates occultas attractrices redire. Sed talia figmenta sunt brevis aevi et cum autoribus suis intercidere solent[4])".

Eine merkwürdige Verblendung! Für eine der gewaltigsten Thaten des menschlichen Geistes findet Leibniz kaum Worte des Tadels, die hart genug sind, weil er glaubte, dass viel höher die Ziele seien, die sich die Naturforschung gleich bei ihren ersten Schritten stecken müsse. Das treffende Urteil, welches Huyghens über Cartesius abgegeben: Il semble que des Cartes ait voulu decider sur toutes les matières de Physique et Metaphysique sans se soucier, s'il disait vrai ou non[5]), trifft in vielen Stücken auch Leibniz; auch ihm ist es nicht zum Bewusstsein gekommen, dass in der Beschränkung sich der Meister zeigt.

Schon in seiner Jugendarbeit vom Jahre 1671: Hypothesis Physica nova, qua Phaenomenorum naturae plerorumque causae ab unico quodam universali motu, in globo nostro supposito, neque Tychonicis neque Copernicanis aspernando, repetuntur und zwar in deren erstem der kgl. Societät in London gewidmeten Theile: Theoria motus concreti, seu Hypothesis de rationibus phaenomenorum nostri Orbis hatte Leibniz, den Spuren des Cartesius folgend, das Riesenwerk unternommen, die meisten ihm bekannten kosmischen, physikalischen und chemischen Er-

---

1) Math. Schriften III, 537.
2) III, 952.
3) III, 964.
4) III, 986.
5) In einem Briefe an Leibniz. Uylenbroek, S. 136; Math. Schriften II, 141.

scheinungen auf einen einheitlichen Erklärungsgrund: die kreisförmige Bewegung eines Alles umgebenden und durchdringenden
Fluidums, des Lichtäthers, zurückzuführen. Ueber die Elasticität
heisst es bereits in dieser Abhandlung: Sed admirando Creatoris
sive artificio sive ad vitam necessario beneficio, omnia corpora
sensibilia ob aetheris circulationem per hypothesin
nostram sunt Elastica; igitur omnia corpora sensibilia
reflectunt aut refringunt. Nullum vero corpus per se conside-
ratum, nisi perpetua aetheris ventilatione animaretur,
reflecteret vel refringeret, saltem his, quae vulgo feruntur legibus[1]). Ueber die Schwere: Gravitas oritur ex circulatione
aetheris circa terram, in terra, per terram[2]). . . .

An einer Stelle des zweiten Theils (Theoria motus abstracti)
fasst Leibniz die imponirende Zahl von Erscheinungen zusammen,
die er durch Aetherbewegungen zu erklären suchte: . . habebunt
ab hoc subtili portitore (scil. aethere) motuum divarica-
tionem Hugenio-Wrennianam, motus indestruibilitatem
(nisi quatenus dispersione fit insensibilior) Cartesianam, elaterem,
reflexionis refractionisque leges, motum circularem simplicem
Hobbianum, cohaesionem, duritiem, bullas (velut proprium quendam
mundulum propriam atmosphaeram, proprios polos et magnetis-
mos, et electricismos, propriam lucem) pleraque gravitatem, gravia
descendentia accelerationem, pendula vibrationem, projecta motus
impressi, sublato licet motore, retentionem; Chemici principia,
Mechanici potentias, Physici phaenomena omnia globi nostri . . .
Potest ergo assumto solo aethere theoria motus concreti derivari
ex theoria motus abstracti, et solvi hoc problema generale:
Omnes motus sensibiles explicare[3]).

Dem Grundgedanken seiner Jugendarbeit ist Leibniz während
seines ganzen Lebens treu geblieben; das beweist unter anderm
die übereinstimmende Erklärung von Elasticität, Schwerkraft,
Attraction, die er in dem mehrfach benutzten, aus viel späterer
Zeit stammenden Briefe an Joh. Bernoulli giebt. Von den ein-

---

1) VI, 27.
2) Ibid. S. 25.
3) VI, 75.

fachsten Erscheinungen (ex phaenomenis manifestis atque exploratis[1]) müsse man ausgehen und dann sei zu versuchen, ob nicht die schwierigeren Erscheinungen sich auf jene zurückführen lassen. „Nun gehört zu den Phänomenen, die von Jedermann zugegeben werden müssen, die Rotation der Weltkörper um ihre Axe; von dieser Bewegung nimmt Leibniz seinen Ausgang. Da ausserdem die Sonne Licht aussendet, so muss derderselben eine Wirkung nach aussen beigelegt werden, welche sich durch den ganzen Weltraum erstreckt. Damit eine solche Wirkung möglich ist, muss etwas vorhanden sein, was den Weltraum erfüllt; dies ist der Aether, der die atmosphärische Luft und alle Körper durchdringt. Insofern nun das von der Sonne ausgehende Licht an der Rotationsbewegung der letzteren Antheil nimmt und da der Aether der Bewegung des Lichtes folgt, so wird seine Bewegung eine kreisförmige sein; durch diese werden die übrigen Himmelskörper mitfortgerissen und erhalten so ihre Centralbewegung. Aus diesen seit der Schöpfung der Welt vorhandenen Bewegungen leitet Leibniz nicht allein die Copernikanische Anordnung des Kosmos her, sondern auch die Bewegung des Meeres, der Winde, die Polarität des Magneten, die Schwere und die Elasticität. Demnach lassen sich nach der Meinung Leibnizens aus e i n e m Princip, aus der durch die Einwirkung des Sonnenlichts auf den Aether hervorgebrachten kreisförmigen Bewegung des letzteren, die hauptsächlichsten Phänomene der Körperwelt erklären und zwar ohne eine hypothetische Annahme zu Grunde zu legen, was vor ihm alle Philosophen gethan hatten".

So hat Gerhardt[2]) in trefflicher Präcision ebenso den Grundgedanken der mechanischen Erstlingsarbeit wie den späteren Standpunkt Leibnizens in Bezug auf die mechanische Erklärung der Erscheinungen wiedergegeben. Nur bei dem letzten Satz müssen wir einen Vorbehalt machen. Das Verdienst, die Cartesische Wirbeltheorie verbessert zu haben, wollen wir Leibniz nicht streitig machen; sollte aber Gerhardt zugleich einen Vor-

---

1)VI, 85 (an Honoratus Fabri).
2) Einleitung zum sechsten Band der math. Schriften.

zug der Leibnizischen Weltauffassung vor derjenigen Newtons haben aussprechen wollen, so muss dieser Versuch, Leibniz auf Kosten seines grossen Nebenbuhlers erheben zu wollen, durchaus zurückgewiesen werden. Newton ging von einer Hypothese, der Vis attractionis aus, wie schliesslich alle Naturforschung von solchen anheben muss; aber die Hypothese bewährte sich, nachdem das Gesetz der Anziehungskraft gefunden war, so glänzend bei der Ableitung der kosmischen Vorgänge, dass sie eine Grundlage unseres gesamten wissenschaftlichen Denkens geworden ist, dass die Entwicklung der Physik nach derjenigen Richtung vor sich geht, welche ihr Newton durch die Annahme einer mit der Entfernung functional zusammenhängenden Kraft vorgezeichnet hat. Leibniz ging allerdings von etwas Thatsächlichem aus: dass die Sonne sich um ihre Axe drehe und Licht ins Universum sende; aber ob durch das Sonnenlicht Wirbel entstehen, welche die Erde umkreisen und den Kosmos durchkreuzen, und ob durch solche Wirbel die Erscheinungen erklärt werden können — das sind Fragen, die Leibniz kaum in Angriff genommen, geschweige denn gelöst hat. Der Vorwurf in seiner Welterklärung Hypothesen zu beherbergen, trifft nicht Newton sondern Leibniz.

Denn es ist „das Minimum" einer einzigen Beobachtung, auf welche „das Maximum" einer alle Erscheinungen am Himmel und auf Erden umfassenden Universaltheorie gebaut wird. Die Beobachtung rührt von Kepler her, der sie, jedenfalls ohne zu ahnen, welch ungeheure Summe von Speculation einmal darauf gegründet werden würde, in dem Epitome Astronomiae Copernicanae, (Frankfurt 1635) angeführt hat.

Im vierten Theile des ersten Buches, welcher überschrieben ist: De Loco Telluris in Mundo ejusque proportione ad Mundum sucht Kepler, indem er sich der „usitata forma Quaestionum et Responsionum" bedient, den Nachweis zu führen, dass die Erde sich nicht in der Mitte der Welt befinde. Er kommt auch auf die physikalischen Argumente, welche für die Vor-Copernicanische Weltauffassung vorgebracht werden könnten und stellt die Frage: Würde nicht die Erde, da sie ein schwerer Körper ist, sehr schnell zum Centrum der Welt hineilen, wenn sie nicht selbst Centrum ist, da es doch die Natur schwerer Körper zu sein scheint, dass sie zum Centrum der Welt sich hinbewegen? und würden die auf der Erde befindlichen schweren Körper nicht von der Seite, welche dem Weltcentrum zugekehrt ist, von der Erde weg und diesem Centrum zueilen? Die Antwort lautet: Ein mathematischer Punkt kann keine Anziehung ausüben; denn der Punkt ist nicht einmal quantitas, sed terminus saltem lineae, quantitatum exilissimae.

In der nächsten Frage aber wird eine neue Forderung aufgeworfen: „Beweise, dass auch nicht durch die Gewalt einer Weltbewegung (motus Mundani) die schweren Körper in die Mitte getrieben werden (excuti)." Der verlangte Beweis wird mit folgenden Worten geführt: In motu circulari violento, si qua petunt medium totius rei mobilis, illa oportet esse leviora re ipsa mota ut in Vorticibus Ligna et paleae sunt leviora, quam est aqua ipsa rotata in gyrum: ibi namque major a rotatione fit impressio in corpus aquae, quia gravius est, ut impetu ruat et rectitudinem affectans extima circuli petat centrumque veluti exhauriat: quo facto, leviora innatantia, cum propter minorem impressionem motus in ipsa tardioremque motum destituuntur et ab aquis velocioribus introrsum repelluntur, tum etiam propter declivitatem centri, in medium naturaliter influunt. At si ponimus Mundum rotari, in quo est aura aetheria et corpora per illam errantia: Terra utique non erit levior aura aetheria. Nihil igitur juris erit motui Mundi violento in Terram et Gravia, ut in Centrum illa detrudat[1]).

Nach Leibniz scheint es Kepler selbst gewesen zu sein, welcher durch die eben angeführte Beobachtung: dass leichtere auf einer Flüssigkeit schwimmende Körper nach der Rotationsaxe zu gedrängt werden, wenn die Flüssigkeit in rotirende Bewegung gesetzt wird, die Schwere zu erklären versucht hat. Wenigstens behauptet Leibniz in der Abhandlung: De Causa Gravitatis et defensio Sententiae Autoris de veris Naturae Legibus contra Cartesianos, indem er den Cartesius heftig tadelt,

---

1) Epitome Astronomiae Copernicanae S. 95. (Joannis Kepleri opera omnia, ed. Ch. Frisch. VI, 164),

dass er nach seiner unlöblichen Gewohnheit (pro more suo illaudabili) den Keplerschen Gedanken benutzt habe, ohne den Urheber zu nennen: Nam primus omnium K e p l e r u s invenit, gravitatis originem adumbrari posse, dum fluidum aliquod ex partibus solidioribus constans, in gyrum actum et a centro recedere tentans, minus solida innatantia ad centrum detrudit[1]). Doch dürfte es erst Huyghens gewesen sein, der durch eigens dazu angestellte Versuche die experimentelle Grundlage fester zu gestalten suchte, auf welche er nach dem Vorgange Kepler's und Descartes' die Erdschwere und die Attraction überhaupt zu basiren gedachte. Nach Mach[2]) war die Anordnung des Versuchs folgende:

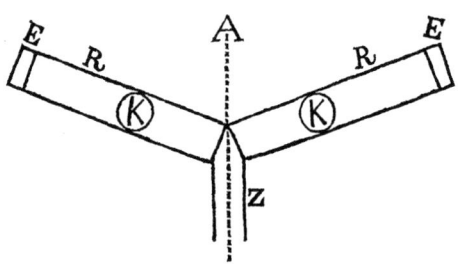

In die Glasröhre RR werden die Holzkugeln KK gebracht und darauf die Deckel EE aufgesetzt. Setzt man dann die Glasröhre mittelst des Zapfens Z auf einen Rotationsapparat und rotirt um die vertikale Axe A, so laufen die Kugeln, sich von der Axe entfernend, alsbald bergan. Wird aber die Röhre mit Wasser gefüllt, so treibt jede Rotation die an den Enden EE schwimmenden Kugeln gegen die Axe. Die Erscheinung erklärt sich dadurch, dass das von den Kugeln verdrängte Wasser bei seiner grösseren Dichtigkeit einen stärkeren centrifugalen Antrieb erhält, als die Kugeln, sodass dieselben succesiv bis an die Rotationsaxe gedrängt werden.

Soll dieses Experiment zur Erklärung der Erdschwere benutzt werden, so muss man sich eine sehr lange Röhre denken,

---

1) VI, 195.
2) Die Mechanik in ihrer Entwicklung S. 149, 150.

in welcher das Wasser durch sehr rasch kreisenden Aether ersetzt wird; der scheinbar schwere Körper wird dann durch continuirliche Stösse zur Rotationsaxe getrieben. Doch erhebt sich
gegen diese Erklärung sofort eine bedenkliche Schwierigkeit.
Wenn nämlich die Umdrehung des die Schwere bewirkenden
Aethers, entsprechend der Erdrotation, in Parallelkreisen erfolgte,
so müsste die Schwere nicht, wie es thatsächlich der Fall ist,
zum Erdmittelpunkt, sondern senkrecht gegen die Erdaxe gerichtet sein. Um dem abzuhelfen, nimmt Leibniz bereits in der
Hypothesis physica an, dass die Aetherbewegung in Meridianen
erfolge, in welchem Falle die Schwerkraft in nahe Beziehung
zum Magnetismus treten würde.

Doch würde es zu weit führen, wollten wir noch näher auf
die Einzelheiten der Leibnizischen Lichtäthertheorie eingehen;
diese Art der Naturauffassung hat das Eigentümliche, dass jede
Erklärung mehr Schwierigkeiten erweckt als sie beseitigt hat.
Worin ihr principieller Irrtum liegt, darüber werden wir im folgenden Kapitel eine Meinung zu äussern wagen; hier sollte nur
gezeigt werden, dass die Continuität der mechanischen Veränderung für Leibniz darauf beruht, dass alle mechanische Veränderung durch continuirliche Stösse des Weltäthers bewirkt wird.

Capitel II.
Die Erhaltung der lebendigen Kraft.

Es scheint mit den Ausführungen des vorigen Capitels nicht zu stimmen, dass Leibniz in späteren Jahren ziemlich abfällig über die Hypothesis physica nova geurtheilt hat. Der scheinbare Widerspruch löst sich dahin, dass Leibniz an solchen Stellen vorzugsweise den zweiten, der Pariser Akademie gewidmeten Theil seiner physikalischen Jugendarbeit, dessen Titel lautet: Theoria Motus Abstracti seu Rationes Motuum universales, a Sensu et Phaenomenis independentes im Auge hat, während er dem Grundgedanken der ersten Abtheilung, der Theoria motus concreti, in welcher sich die Lichtäthertheorie findet, durchaus treu geblieben ist. Zur Bestätigung sei aus einem Briefe an Foucher (1693) angeführt: Il est vray que j'avois fait deux petits discours il y a vingt ans, l'un de la Théorie du mouvement abstrait, où je l'avois consideré hors du systeme comme si c'estoit une chose purement mathematique, l'autre de l'Hypothese du ,mouvement ,concret et ;systematique, tel qu'il se rencontre effectivement dans la nature. Ils peuvent avoir quelque chose de bon, puisque vous le jugés ainsi, Monsieur, avec d'autres. Cependant il y a plusieurs endroits sur lesquels je crois d'estre mieux instruit presentement, et entre autres, je m'explique tout autrement aujourdhuy sur les indivisibles. C'estoit l'essay d'un jeune homme qui n'avoit pas encor approfondi les mathematiques. Les loix du mouvement abstrait, que j'avois données alors devroient avoir lieu effectivement, si dans le corps il n' y avoit autre chose que ce qu'on y conçoit selon Des Cartes et même selon Gassendi[1].

---

1) Philosophische Schriften, herausgegeben von Gerhardt, I., 415 (wir unterscheiden diese von den mathematischen durch den Zusatz „Phil.")

Es wäre indessen irrig zu glauben, dass Leibniz in dieser Schrift noch unbedingter Cartesianer gewesen sei, vielmehr verhält er sich bereits in dem frühen Alter, aus welchem die Hypothesis physica stammt (1671) kritisch gegen die Lehre des Begründers der neuerenPhilosophie. Besser, als aus der mehrfach erwähnten Abhandlung selbst, die nicht mit Unrecht den Namen eines „schediasma tumultuarium"[1] verdient, welches ihr Leibniz selbst in einem Briefe an Honoratus Fabri beilegt, lässt sich die Abweichung aus dem ersten, wahrscheinlich unbeantwortet gebliebenen Schreiben an Antoine Arnauld aufzeigen, welches unzweifelhaft aus derselben Zeit stammt, wie die Hypothesis physica, da sich sogar wörtliche Uebereinstimmungen zwischen beiden Aufzeichnungen finden. Nachdem Leibniz einige Sätze angeführt hat, die von ihm aufgestellt worden seien und in denen er zum Theil von Descartes abweiche, fährt er fort: Has (scil. propositiones) autem ideo memoro, quia ex iis sequitur aliquid utile praesenti instituto: ex posteriore, corporis essentiam non consistere in extensione id est magnitudine et figura, quia spatium vacuum a corpore diversum esse necesse est, cum tamen sit extensum: ex priore, essentiam corporis potius consistere in motu, cum spatii notio magnitudine et figura, id est extensione absolvatur[2].

Leibniz hat bekanntlich diese Annahme später wieder aufgegeben; er sah ein, dass in der Bewegung ebenso wenig wie in der Ausdehnung die Essenz der Körper bestehen könne. Von den Stellen, in denen er gegen seine eigene, früher aufgestellte Behauptung polemisirt, seien hier nur einige angeführt. In dem einem Priester übersandten Promemoria zum Tentamen de motuum coelestium causis, welches er anfänglich in Rom drucken lassen wollte, heisst es: Ut vero res intelligatur exactius, sciendum est, Motum ita sumi, ut involvat aliquid respectivum et non posse dari phaenomena ex quibus absolute determinetur motus aut quies; consistit enim motus in mutatione situs seu loci. Et ipse locus rursus aliquid relativum involvit[3]

---

1) VI., 85.
2) Phil. I., 72.
3) VI., 146.

In der Abhandlung: De causa gravitatis etc. finden sich ganz übereinstimmend die Worte: Sed motus in respectu quodam consistit[1]) und im Specimen dynamicum: Nam motus (perinde ac tempus) numquam existit, si rem ad ἀκρίβειαν revoces, quia numquam totus existit, quando partes coexistentes non habet[2]). Am schärfsten wird gegen die frühere Annahme in einem späteren Schreiben an Arnauld (April 1687) polemisirt: . . . le mouvement en tant qu'il n'est qu'une modification de l'estendue et changement de voisinage (so hatte sie Descartes definirt[3]) enveloppe quelque chose d'imaginaire, en sorte, qu'on ne saurait determiner à quel sujet il appartient parmi ceux qui changent, si on n'a recours à la force qui est cause du mouvement . . .[4])

Trotzdem aber Leibniz seiner Substanz der Bewegung nur eine kurze Lebensdauer gegönnt hat, so ist es doch von Wichtigkeit, der Frage näher zu treten: was ihn in der Zeit, die seinem Pariser Aufenthalt vorherging, zu dem Versuch veranlasst habe, die cartesische Lehre von der Substanz der Ausdehnung durch eine andere zu ersetzen, nach welcher die Essenz der Körper in der Bewegung besteht? Ich wäre versucht, diese Frage folgendermassen zu beantworten.

Descartes hatte behauptet[5]), dass die Quantität der Bewegung erhalten bleibe, dass man also eine constante Summe erhalte, wenn man jeden Körper des Universums mit seiner Geschwindigkeit multiplicire und die Producte addire. An diese Lehre anknüpfend, scheint nun Leibniz bereits in seiner Iugend den Gedanken gehabt zu haben, dass als Substanz dasjenige aufzufassen sei, was sich im Universum

---

1) VI., 202.

2) VI., 235.

3) il (le mouvement) est le transport d'une partie de la matière ou d'un corps du voisinage de ceux qui le touchent immédiatement et que nous considérons comme en repos dans le voisinage de quelques autres (Principia, II., 25, Ausgabe von Cousin).

4) Phil. II., 98.

5) Principia phil. II., 36: Que Dieu est la première cause du mouvement et qu'il en conserve toujours une égale quantité en l'univers.

erhält. Da sich nun nach Descartes die Quantität der Bewegung erhält, dürfte Leibniz, der die Cartesische Theorie damals noch nicht anfocht[1]), zu dem Schluss gelangt sein: Dass die Essenz der Körper in der Bewegung bestehe.

Leibniz glaubte vielleicht, durch diese Theorie den Bedenken Genüge zu leisten, welche schon Gassendi gegen die Cartesische Substanzlehre erhoben hatte. In der gegen die zweite Meditation gerichteten Instanz, deren Ueberschrift: Esse non criterium, sed petitionem principii circa distinctionem Mentis et corporis, quod illa dicatur res cogitans istud extensa; falsumque esse, quod tota illius natura in cogitatione, hujus in extensione constat schreibt Gassendi: Circa corpus, hoc solum noto: Si tota illius natura in eo consistat, ut sit res extensa, igitur omnis actio omnisque agendi facultas, extra naturam corpoream est, quoniam extensio est mere passiva et qui rem dicit solum extensam, inter caetera non activam dicit. Igitur nulla erit actio, nulla erit agendi facultas in corporibus[2]).

Ist unsere Auffassung richtig, so würde Leibniz bereits auf der Stufe, welche die Hypothesis physica nova und der erste Brief an Arnauld bezeichnet, einen bedeutsamen Fortschritt über Descartes hinaus gemacht haben. „Die Natur der Materie[3])" lehrte dieser, „oder der Körper im Allgemeinen besteht nicht darin, dass ein Körper hart oder schwer oder gefärbt ist, sondern nur darin, dass er nach Länge, Breite und Tiefe ausgedehnt ist". Auf diese Weise sollte die Substanz von der Zufälligkeit der Sinne gereinigt werden. Aber Leibniz hat Recht, wenn er Descartes den Vorwurf macht, dass seine Substanz doch an der Imagination hängen geblieben sei. „Niemand soll glauben", schreibt er im Specimen dynamicum, „dass er die Natur des

---

1) Vergl. die oben citirte Stelle VI, 75 (Hyp. phys. nova) wo Leibniz unter den aus dem Aether abzuleitenden Erscheinungen und Gesetzen motus indestruibilitatem Cartesianam anführt.

2) Petri Gassendi Metaphysica Disquisitio Anti-Cartesiana seu Dubitatitiones et Instantiae adversus Renati Cartesii Meditationes et Responsa. Ed. III, S. 114. (Florentiner Ausgabe III, 280).

3) Princ. phil. II, 4.'

Körpers richtig innehabe, wenn er nicht erkannt habe, dass unvollkommen, um nicht zu sagen falsch sei notionem illam substantiae corporeae crassam et ab imaginatione sola pendentem[1]), und einige Seiten später: ... praeter pure mathematica et imaginationi subjecta, collegi quaedam metaphysica solaque mente perceptibilia esse admittenda[2]).

Die Bewegung nun war für den Vor-Huyghens'schen Leibniz jenes sola mente perceptibile, in welchem er die Substanz der Dinge suchte. Hatte Gassendi gefordert, dass in den Körper selbst die facultas agendi gelegt werden müsse, da die Ausdehnung mere passiva sei, so präcisirte Leibniz den Begriff der Handlung dahin, dass jene Art der Handlung, die sich erhält, dem Körper essentiell sei. Die Quantität der Bewegung erhält sich, hatte Descartes gelehrt; diese damals noch nicht angezweifelte physikalische Thatsache benutzte Leibniz, um den Begriff der Substanz von der Imagination loszulösen, was Descartes, wenn auch vergeblich versucht hatte. Der Erhaltungsgedanke tritt zum ersten Male mit dem Substanzbegriff zusammmen, das ist der Fortschritt, den ich in der Leibnizischen Substanz der Bewegung suchen möchte.

Für die zweite Auflage der Vernunftkritik ist Substanz nichts weiter, als das Quantum, welches in der Natur weder vermehrt noch vermindert wird, d. h. constant ist, Substanz ist Constanz eines Quantums. Indem Leibniz die Substanz in die Bewegung legte, scheint er als erster den für alle Philosophie nicht blos sondern für die physikalische Naturforschung fundamentalen Zusammenhang, der zwischen Substanz und Constanz besteht, geahnt zu haben. Es wird eine, gleichgiltig ob uneingeschränkt richtige, physikalische Erhaltungsthatsache dazu benützt, um die Substanz von der Imagination loszulösen, und sie zu einem Begriff zu machen.

Gerhardt hat bereits darauf aufmerksam gemacht, dass sich in der Hypothesis physica nova die ersten Spuren des Gesetzes der Continuität finden, welches für das Leibnizische Denken

---

1) VI, 236.
2) 241.

später so wichtig geworden ist. Indessen ist auch in Bezug auf die Continuität der Standtpunkt Leibnizens noch der eines jungen Mannes, qui n'avait pas encore approfondi les mathematiques. Denn noch hat er nicht das Problem begriffen, welches in der Continuität liegt, sie ist ihm noch das, was sie zunächst zu sein scheint: Das stetige, ununterbrochene Fliessen. Die Ruhe ist daher noch nicht ein Specialfall der Bewegung, sodass sich die Gesetze der Ruhe aus denen der Bewegung ableiten lassen müssen, wie später so oft gefordert wird, vielmehr wird in dem 6. Satz der Fundamenta praedemonstrabilia erklärt: Quietis ad motum non est ratio quae puncti ad spatium, sed quae nullius ad unum; und der folgende Satz lautet daher ganz consequent: Motus est continuus seu nullis quietulis interruptus[1]).

Leibniz musste daher in zwei Richtungen fortschreiten, wenn seine Substanzlehre, die in der Anknüpfung an den Erhaltungsgedanken einen viel verheissenden Anfang gemacht hatte, sich weiterentwickeln sollte. Es musste vor Allem die physikalische Grundlage, die Erhaltung des Bewegungsquantums, welche er ohne weiteres angenommen hatte, auf ihre Allgemeinheit geprüft, es musste das Fundament so breit wie möglich ausgedehnt, so tief wie möglich gegründet werden, auf welchem die metaphysische Lehre sich erheben sollte. Aber auch der Begriff der mechanischen Continuität musste eine Umwandlung erfahren, mit dem Ziel, die Ruhe in den Begriff der continuirlichen Bewegung, als deren Grenzfall aufzunehmen. Für das räumliche Continuum hatte Leibniz in den vorhergehenden Sätzen der Fundamenta praedemonstrabilia die Consequenz der Cavalleri'schen Entdeckung des Indivisibeln gezogen, indem er den Punkt zunächst zwar negativ bezeichnet als cujus extensio nulla est, seu cujus partes sunt indistantes, cujus magnitudo est inconsiderabilis, inassignabilis, minor quam quae ratione, nisi infinita ad aliam sensibilem exponi possit, minor quam quae dari potest, in ihm aber nichtsdestoweniger das „Rudiment" des Endlichen anerkannt, indem er fortfährt: atque hoc est fundamentum Methodi Cavalerianae, quo ejus veritas

---

1) VI, 68.

evidenter demonstratur, ut cogitenter quaedam ut sic dicam rudimenta seu initia linearum figurarumque qualibet dabili minora. Auch der Begriff der Ruhe ist nicht erschöpft, wenn man sie negativ als Nicht-Bewegung, als Einschränkung der Bewegung vorzustellen sucht; sie muss zur Bewegung in dasselbe Verhältniss treten, wie das räumliche „Rudiment" zu den endlichen Linien und Figuren.

Die Reise welche Leibniz im März 1672 nach Paris antrat bedeutet einen Wendepunkt in seinem Leben; die Bekanntschaft, welche er dort mit dem unvergleichlichen Huyghens machte, ist die für seine ferneren Arbeiten und Leistungen bedeutsamste geworden. Huyghens war ein tüchtiger Mathematiker und genialer Physiker; auch in der Mathematik hat er Leibniz zu eifrigerem Studium angeregt, ist aber später von seinem grossen Schüler überflügelt worden. Dagegen wage ich zu behaupten, dass Leibniz in der Physik und speciell in der Mechanik nie über das hinausgekommen ist, was er während seines Pariser Aufenthalts von Huyghens gelernt hatte. Um den Beweis dieser Behauptung zu erbringen, müssen wir einen kurzen Blick auf den damaligen Stand der mechanischen Wissenschaften werfen, indem wir zunächst der Leistungen Galilei's gedenken und dann das für unsern Zweck wichtigste aus der Fülle des Neuen zu würdigen suchen, womit Huyghens, der nach Lagrange's treffendem Wort paraît avoir été destiné a perfectionner et compléter la plupart des découvertes de Galilée[1]) die Mechanik bereichert hat.

Galilei hatte gefunden, dass in der Nähe der Erdoberfläche die Fallgeschwindigkeiten wie die Zeiten, die durchlaufenen Räume dagegen wie die Quadrate der Zeiten oder Geschwindigkeiten wachsen. Bezeichnet man daher die Zeit mit t, die Geschwindigkeit mit v, die Fallstrecke mit s, das constante Verhältnis von v zu t mit g, so ist (die Masse $= 1$ gesetzt)

$$(1) \quad v \;=\; gt$$

$$(2) \quad s \;=\; \tfrac{1}{2}\, gt^2 \;=\; \tfrac{1}{2}\, \frac{v^2}{g}$$

---

1) Mécanique analytique, Tome premier, seconde partie, première section (S. 222 der Ausg. von 1811).

$$(3)\ v^2 = 2gs$$
$$(4)\ v = \sqrt{2gs}$$

Steigt ein Körper senkrecht in die Höhe, so ist an den verschiedenen Stellen seines Weges die Geschwindigkeit absolut genommen dieselbe, als wenn er von dem höchsten Punkt des Aufstiegs ohne Anfangsgeschwindigkeit herabgefallen wäre. Lassen wir also einen Körper mit der Anfangsgeschwindigkeit v_1 aufsteigen, so ist seine Steighöhe

$$s_1 = \tfrac{1}{2}\,\frac{v_1^2}{g}$$

Beginnt ein zweiter Körper zu steigen mit der Geschwindigkeit v_2 so ist

$$s_2 = \tfrac{1}{2}\,\frac{v_2^2}{g}$$

mithin:

$$s_1 : s_2 = v_1^2 : v_2^2$$

d. h. die Steighöhen verhalten sich wie die Quadrate der Anfangsgeschwindigkeiten.

Auf diesen Entdeckungen Galilei's fussend gelang es nun Huyghens, jenes denkwürdige Problem zu lösen, welches der Ausgangspunkt der weiteren Entwicklung in der Mechanik geworden ist: Die Bestimmung des Oscillationscentrums. Es war Mersenne — ich folge den Angaben Lagrange's in der trefflichen Einleitung zum zweiten Theil seiner Mechanik — welcher den Geometern seiner Zeit die Aufgabe vorgelegt hatte: Die Grösse zu bestimmen, welche ein Körper von beliebiger Figur haben muss, damit er, in einem Punkt aufgehängt, seine Oscillationen in derselben Zeit mache, wie ein Faden von gegebener Länge, welcher an seinem Ende mit einem einzigen Gewicht belastet ist[1]. Descartes hatte sich bereits an diesem Problem

---

1) So lautet die wörtliche Uebersetzung der betreffenden Stelle bei Lagrange. Offenbar bezieht sich dieser Begründer der Geschichte der Mechanik auf den Brief Descartes' an Mersenne, datirt: d'Egmond, ce 22. Mars 1646, wo es heisst: L'autre point de votre lettre auquel je ne veux pas différer de répondre est la question touchant la grandeur que doit avoir chaque corps, de quelque figure qu' il soit, étant suspendu en l'air par l'une de ses extrémités pour y faire ses tours et retours égaux à ceux

versucht und zunächst den Begriff des Agitationscentrums aufgestellt; so nennt er denjenigen Punkt, um welchen sich die Agitationskräfte aller Theile des Körpers im Gleichgewicht halten, derartig, dass dieser Punkt, da er von dem Wirken dieser Kräfte frei ist, sich bewegt, wie wenn die andern Theile des Körpers vernichtet oder in dem Centrum concentrirt wären; alle Körper also, in welchen das Agitationscentrum von der Rotationsaxe gleich weit absteht, werden ihre Schwingungen in derselben Zeit machen.

Nach dieser Definition unternimmt nun Descartes, das Problem allgemein zu lösen; er projicirt alle Theile des Körpers jeden mit seiner Agitationskraft ausgestattet auf die durch Schwerpunkt und Rotationsaxe gelegte Ebene, derartig, dass jeder Theil seinen Abstand von der Axe beibehält und sucht dann den Mittelpunkt für die Agitationskräfte aller Theile des Körpers, indem er die Kräfte schätzt durch das Product aus Masse und Geschwindigkeit, die hier dem Abstand von der Rotationsaxe proportional ist. — Diese Lösung beruht, wie leicht einzusehen ist, auf dem Hebelprincip, kann also den Gesetzen der Bewegung, die unter dem Einfluss der Schwere vor sich gehen, nicht genügen.

---

d'un plomb pendu à un filet de longueur donnée." (Oeuvres, IX, 508) Ob Mersenne aber in dieser incorrecten Form das Problem vorgelegt hat, ist mir einigermassen zweifelhaft und zwar aus folgendem Grunde. Huyghens erzählt in der Einleitung zum vierten Teil des Horologium oscillatorium, Mersenne habe ihm, als er (Huyghens) fast noch ein Knabe war, einige Specialfälle aus der Theorie des Oscillationscentrums zur Lösung vorgelegt, nämlich dieses Centrum für Kreissectoren, sowol wenn sie an der Spitze als auch wenn sie in der Mitte des Bogens aufgehängt werden und seitwärts oscilliren, ferner für Kreissegmente, endlich für Dreiecke, wenn sie an der Spitze oder an der Mitte der Basis hangen, zu bestimmen: „Quod eo redit," führt Huyghens fort, „ut pendulum simplex, hoc est, pondus filo appensum reperiatur ea longitudine, ut oscillationes faciat temporum eorundem ac figurae istae, uti dictum est, suspensae." Hier ist die Formulirung durchaus exact; Descartes scheint in dem citirten Briefe das vorgelegte Problem ungenau reproducirt zu haben, indem er das zu Bestimmende verwechselte.

Wie sehr Huyghens, dem Mersenne ebenfalls das Problem vorgelegt hatte, ohne dass es ihm anfangs gelang desselben Herr zu werden, durch den Cartesischen Lösungsversuch beeinflusst worden ist, geht daraus hervor, dass auch Huyghens bei der Lösung den Schwerpunkt benutzt hat, der meines Erachtens nach nicht hereingezogen zu werden braucht. Huyghens legte seinen Entwicklungen folgendes Princip zu Grunde: (Propositio IV im vierten Theil des Horologium oscillatorium) Si pendulum e pluribus ponderibus compositum atque e quiete dimissum partem quamcunque oscillationis integrae confecerit atque, inde porro intelligantur pondera ejus singula, relicto communi vinculo, celeritates acquisitas sursum convertere, ac quousque possunt ascendere; hoc facto, centrum gravitatis ex omnibus compositae ad eandem altitudinem reversum erit, quam ante inceptam oscillationem obtinebat.

Auf Grund dieses Princips ermittelt dann Huyghens auf eine etwas umständliche Art die Länge des einfachen Pendels, welches mit dem zusammengesetzten gleiche Schwingungsdauer hat. Man findet bei Mach eine kürzere, auf dasselbe Princip basirte Ableitung. Wenn man nämlich die Falltiefe des Schwerpunkts bei verbundenen Massen der Steighöhe desselben nach gelöster Verbindung gleichsetzt, so erhält man eine Gleichung, aus welcher sich die Länge des einfachen Pendels leicht ergiebt.[1] Dass es aber nicht nötig ist, den Schwerpunkt bei Lösung der Aufgabe zu benützen, möge folgende auf den Grundsatz der Erhaltung der Energie basirte Ableitung zeigen.

---

1) Die Mach'sche Ableitung leidet an zwei sehr störenden Ungenauigkeiten. Wird die Geschwindigkeit des Punktes im Abstande 1 von der Axe beim Durchgang durch die Gleichgewichtslage $= v$ gesetzt, dann sind in den Abständen r, r', r'' . . die respectiven Geschwindigkeiten rv, $r'v$, $r''v$ . . ., nicht, wie Mach unnöthigerweise setzt: rv, $r'v'$, $r''v''$, um nachher bei der Summirung ganz unmotivirt die v wieder gleichzusetzen. Ueber das Mass eines Druckfehlers aber geht es, wenn Mach schliesslich die Länge des einfachen Pendels mit $\sqrt{\dfrac{\Sigma mr^2}{\Sigma mr}}$ ermittelt, wo natürlich das Wurzelzeichen wegfallen muss.

Die oben aufgestellte Beziehung zwischen Falltiefe s und Geschwindigkeit v lässt sich, wenn man die Masse des Körpers m auf beiden Seiten hinzufügt, in der Form

$$mgs = {}^1/_2 \, mv^2$$

schreiben. Der Ausdruck auf der rechten Seite bedeutet die kinetische Energie, welche der Körper von der Masse m gewonnen hat, wenn er aus der Ruhelage ausgehend die Geschwindigkeit v erlangt hat. Der Ausdruck links ist daher der Verlust an potentieller Energie, welchen der Körper erlitten hat, indem er sich der Erde um die Strecke s genähert. Dies vorausgeschickt, sei der Einfachheit wegen OA ein lineares Pendel mit den Massen m m' m'' . . . . in den Abständen r r' r'' . . . Nehmen wir nun an, dass der Punkt im Abstande 1 von der Axe, indem er bis zur Gleichgewichtslage fällt, die Falltiefe k hat, so fällt, wie sich durch einfache Proportionen zeigen lässt, m um rk, m' um $r'k$ . . . . Die potentielle Energie, geschätzt in der durch das Fallgesetz vorgeschriebenen Weise ist daher

für m . . . . . $kmgr$
für m' . . . . . $km'gr'$

. . . .

Mithin ist der Gesammtverlust an potentieller Energie, den das System beim Durchgang durch die Gleichgewichtslage erlitten hat

$$kg \, \Sigma mr$$

Es erhalte der Punkt im Abstande 1 von der Axe beim Durchgang durch die Gleichgewichtslage die Geschwindigkeit v, so sind die respectiven Geschwindigkeiten der Massen in den Abständen r r' r'' . . . : rv, $r'v$, $r''v$ . . ., mithin die kinetische Energie ${}^1/_2 \, mr^2 v^2$, ${}^1/_2 \, m' r'^2 v^2$, ${}^1/_2 m'' r''^2 v^2$ . . ., und die Summe der gewonnenen kinetischen Energie daher

$${}^1/_2 \, v^2 \, \Sigma \, mr^2$$

Nach dem Erhaltungsgrundsatz muss mithin

$$(I) \, . \, . \, . \, . \, kg \, \Sigma \, mr = {}^1/_2 \, v^2 \, \Sigma \, mr^2$$

sein, eine Gleichung, die nur eine Verallgemeinerung des Galilei'schen Fallgesetzes ist.

Da für das einfache Pendel von der Länge y und der Masse
1 die Falltiefe ky, die Geschwindigkeit beim Durchgang durch
die Gleichgewichtslage vy ist, so folgt für dieses

$$kgy = \frac{1}{2} v^2 y^2$$

dies in (I) eingesetzt giebt

$$\text{(II)} \ldots \ldots y = \frac{\Sigma\ mr^2}{\Sigma\ mr}$$

die bekannte Formel für das einfache Pendel, welches mit dem
zusammengesetzten gleiche Schwingungsdauer hat.

Es wird nach dieser Ableitung deutlich sein, dass der Erhaltungsgedanke ebenso in den Galileischen Fallgesetzen wie in
der Theorie des Oscillationscentrums enthalten ist. Nur ver-
dunkelte Huyghens den Grundsatz, der in allen mechanischen
Vorgängen enthalten ist, indem er die Ableitung des Oscillationscentrums durch Einführung des Schwerpunkts complicirte. Wenn
man zuerst die Falltiefe des Schwerpunkts und daraus den
Verlust an Fallkraft, (Spannkraft) berechnet, den derselbe beim
Fall bis zur Gleichgewichtslage erlitten hat, dann die Verbindung
der Massen gelöst denkt, die möglichen Steighöhen der einzelnen
Massen aus dem Quadrate der gewonnenen Geschwindigkeiten
ermittelt, abermals den Schwerpunkt sucht und aus dessen Steighöhe den Gewinn an kinetischer Energie feststellt, den er beim
Durchgang durch die Gleichgewichtslage erlangt hatte und der
dem vorher berechneten Verlust an Spannkraft gleich sein muss
— so gelangt man selbstverständlich auf einem Umweg zu demselben Resultat.

Das Horologium oscillatorium erschien im Jahre 1673;
Leibniz hat also unzweifelhaft noch während seines Pariser Aufenthalts dieses ausgezeichnete Werk kennen gelernt. Indessen
scheint sein Interesse durch die mathematischen Studien, denen
er damals unter der Leitung Huyghens' oblag, so vollständig
absorbirt worden zu sein, dass er nicht erkannte, wie fruchtbar
in mechanischer und — metaphysischer Beziehung der Gedanke
ist, den Huyghens zur Auffindung des Oscillationscentrums benutzt hatte, ein Gedanke, an welchem sich, wie bei Lagrange

nachgelesen werden kann, die Weiterentwicklung der Mechanik angeschlossen hat. Leibniz schien vielmehr für seine metaphysischen Zwecke — und nur diese leiteten ihn in der Mechanik — ein anderer Theil der Huyghens'schen Leistungen am wertvollsten: die Gesetze des elastischen Stosses. Sie waren es, die ihn dazu veranlassten, sein so berühmt gewordenes Gesetz der Erhaltung der lebendigen Kraft aufzustellen.

Hätte Leibniz den Fortschritt zu würdigen verstanden, den ebenso die Galileischen Fallgesetze wie die Huyghens'sche Theorie des Oscillationscentrums und daran anschliessend die Newton'sche Ergründung der Vis attractionis bedeuten, so hätte er erkennen müssen, dass sein Gesetz diesen Entdeckungen nicht entspricht, sondern ihnen geradezu zuwiderläuft. Die lebendige Kraft wird geschätzt durch das Product aus Masse und Quadrat der Geschwindigkeit. Fällt daher ein Stein gegen die Erde, so nimmt seine lebendige Kraft fortwährend zu, da seine Geschwindigkeit continuirlich wächst. Dieser Gewinn freilich wird erkauft durch die fortwährende Verringerung des Abstandes zwischen dem fallenden Stein und der Erde, oder, wie man nach moderner Ausdrucksweise sagt: der Gewinn an kinetischer Energie wird aufgewogen durch den Verlust an potentieller Energie (Fallkraft oder Spannkraft). Steigt der Stein in die Höhe, so nimmt umgekehrt seine lebendige Kraft continuirlich ab, aber die Spannkraft nimmt entsprechend zu. Nur wenn ein System dieselbe Configuration wieder einnimmt, die es bereits einmal repräsentirt hat, ist die potentielle und also auch die kinetische Energie wieder dieselbe. Ein Stein, der mit der Geschwindigkeit v in die Höhe geworfen wird, erlangt dieselbe lebendige Kraft erst dann wieder, wenn er zur Erdoberfläche zurückkehrt; in der Zwischenzeit hat er zuerst continuirlich lebendige Kraft eingebüsst und dann continuirlich den Verlust wieder ersetzt. Nur in diesem eingeschränkten Fall also erhält sich die lebendige Kraft[1]).

1) Vgl. Kirchhoff, Vorlesungen über mathematische Physik (Mechanik) Vierte Vorlesung. Kirchhoff stellt den Satz von der Erhaltung der Energie als „Satz von der lebendigen Kraft" auf in der Form

$$T_1 - T_0 = \int_{t_0}^{t_1} \Sigma \, (X \, dx + Y \, dy + Z \, dz)$$

Freilich, Leibniz würde sich niemals dazu verstanden haben, eine solche Form der Kraft anzunehmen, die wir Fallkraft oder Spannkraft oder kinetische Energie nennen; er würde diese Kraftform als das bezeichnen, was ihm die Vis attractionis Newton's war, als qualitas occulta. Leibniz kannte nur die Kraft, die in der Bewegung besteht, und das Quadrat der Geschwindigkeit multiplicirt mit der Masse war ihm das Mass der Kraft. Sollte sich nun Leibniz nicht die Schwierigkeiten klar gemacht haben, in die er sich stürzte, indem er, gegen den offenbaren Thatbestand der mechanischen Vorgänge, die Erhaltung der „lebendigen" Kraft forderte?

Wir müssen uns, um diese Frage zu beantworten, an die mechanische Erklärung erinnern, welche Leibniz für Schwerkraft und Attraction (von den übrigen Naturkräften darf hier wohl abgesehen werden, da Leibniz ihnen nur sehr geringe Aufmerksamkeit schenkt) aufstellt. Ein Stein fällt zur Erde, weil er von dem in rapider Bewegung begriffenen Lichtäther continuirliche Stösse gegen das Erdcentrum erhält. Mithin ist die Anziehung der Erde nur scheinbar; der mechanische Vorgang ist derselbe, wie beim Stoss und zwar beim elastischen, da die Elasticität, wie wir im ersten Capitel gesehen haben, auf demselben Erklärungsgrund beruht, wie die Schwerkraft.

Die Gesetze des elastischen Stosses sind mithin für Leibniz, was sie für Descartes waren, die Gesetze des Universums; um den Vorgang beim Fallen eines Steines mechanisch zu erklären darf man nicht stehen bleiben etwa bei der Beziehung zwischen Fallraum und Zeit, vielmehr muss, nach Ergründung der Stossgesetze sensibler Körper, auf jenes unsichtbare Geschehen der

---

$T_1 - T_0$ bedeutet den Zuwachs an leb. Kraft in dem Zeitintervall t_0 bis t_1, das Integral die in diesem Intervall geleistete Arbeit d. h. den Gewinn oder Verlust an potentieller Energie. Haben die Kräfte ein Potential U, welches die Zeit nicht enthält und einwerthig ist, so lässt sich die Folgerung

$$T = U + h$$

dahin aussprechen, „dass, wenn alle Punkte des Systems in Lagen zurückgekehrt sind, die sie schon früher einmal hatten, auch die lebendige Kraft wieder den Werth angenommen hat, den sie damals besass."

Gedanke gerichtet werden, dessen Ursache die Aetherbewegung ist. Descartes aber hatte falsche Stossregeln aufgestellt, indem er forderte, dass sich die Quantität der Bewegung, ohne Rücksicht auf die Richtung, erhalte. Von Huyghens belehrt, erkannte Leibniz, dass, um beim Stoss ein constantes Bewegungsquantum (m. v) zu erhalten, auch die Richtung zu berücksichtigen sei; absolut genommen erhält sich nach Huyghens' Entdeckung die nach dem Quadrat der Geschwindigkeit geschätzte Kraft ($m.$ v^2), welcher Leibniz den Namen der „lebendigen" Kraft gegeben hat.

Wir wollen zum besseren Verständnis des für die Leibniz' sche Metaphysik fundamentalen Gesichtspunktes die drei Stossgesetze hier anführen, wie sie von Leibniz im Essay de Dynamique sur les loix du mouvement (aus den Manuscripten herausgegeben) aufgestellt sind.[1]) Wenn die Geschwindigkeit des Körpers a vor dem Stoss v nach dem Stoss x

,, b ,, ,, ,, y ,,   ,,   ,, z

so gelten folgende drei Gleichungen:

1) Equation Lineale, qui exprime la conservation de la cause du choc ou de la vistesse respective

$$v - y = z - x$$

2) Equation plane, qui exprime la conservation du progrès commun ou total des deux corps

$$av + by = ax + bz$$

In dieser Gleichung ist, wie Leibniz hinzufügt, die Richtung der Bewegung zu berücksichtigen und darin besteht ihr Unterschied von der Cartesischen Aufstellung, nach welcher, ohne Rücksicht des Vorzeichens, stets die Quantitäten zu summiren sind.

3) Equation Solide, qui exprime la conservation de la force totale absolue ou de l'Action motrice

$$av^2 + by^2 = ax^2 + bz^2$$

„Diese Gleichung," erklärt Leibniz in dem folgenden Zusatz, „hat das Ausgezeichnete, dass alle Zeichenänderungen, welche nur von den verschiedenen Geschwindigkeitsrichtungen v, y, x, z herrühren können, dadurch aufhören, dass alle Geschwindig-

---

1) VI, 226 ff.

keiten bedeutende Zeichen ins Quadrat steigen. Denn $- y$ und $+ y$ haben dasselbe Quadrat $+ y^2$. Deshalb giebt diese Gleichung etwas a b s o l u t e s , unabhängig von den respectiven Geschwindigkeiten oder von dem Fortschritt nach einer gewissen Seite. Es handelt sich hier nur darum, die Massen und die Geschwindigkeiten zu schätzen, ohne dass man berücksichtigen muss, nach welcher Seite die Geschwindigkeiten gehen. D a s g e n ü g t z u g l e i c h e r Z e i t d e r S t r e n g e d e r M a t h e m a t i k e r u n d d e m W u n s c h d e r P h i l o s o p h e n , d e n E r f a h r u n g e n u n d d e m a u s v e r s c h i e d e n e n Principien g e z o g e n e n R ä s o n n e m e n t.«

Es wird nunmehr wohl klar sein, warum Leibniz immer und immer wieder in Abhandlungen und Briefen auf die Stossgesetze eingeht, denn mit ihnen steht und fällt seine Metaphysik. Alle mechanischen Veränderungen in der Welt sind Stossvorgänge; die Erhaltung der lebendigen Kraft ist ein allgemeines Naturgesetz, weil sich die lebendige Kraft beim elastischen Stoss erhält. Mag immerhin der Stein scheinbar an lebendiger Kraft zunehmen, wenn er dem Erdinnern zufällt; es verliert der Aether, der, in Meridianen kreisend, ihn der Erde zutreibt, ebensoviel bei seinen continuirlichen Stössen, als der Stein gewinnt, und umgekehrt: der Stein, welcher in die Höhe steigt, erlahmt allmälig, aber das geschieht, weil er seine lebendige Kraft an den Aether abgiebt, so, dass die Summe der lebendigen Kraft wie beim Stoss sensibler Körper dieselbe bleibt.

Ausdrücklich findet sich allerdings, soweit mir bekannt, bei Leibniz dieser Gedankengang nicht, der seiner mechanischen Weltauffassung wenigstens die Consequenz wahrt. Es lassen sich indessen Stellen aufzeigen, aus denen deutlich hervorgeht, dass er die Allgemeinheit seines Gesetzes von der Erhaltung der lebendigen Kraft ebenso wie die Continuität der mechanischen Veränderung auf die allen Körpern innewohnende Elasticität. d. h. den Aether, als deren Ursache basirt. An de Volder schreibt er: Nec sine elasmate axiomata a u t v i t a n d o r u m s a l t u u m a u t c o n s e r v a n d a r u m v i r i u m tam absolutarum quam respectivarum vel conciliationes legum vis mortuae et vivae compositionisque motuum cum quantitate virium obtineri possent[1]). Im Essay de dynamique heisst es im unmittelbaren Anschluss an die oben reproducirten drei Stossregeln und die an die dritte geknüpfte wichtige Bemerkung: Or cette Elasticité des corps est necessaire à la Nature, pour obtenir l'Execution des grandes et belles loix que son Auteur infiniment sage s'est proposé, parmy lesquelles ne sont pas les moindres, ces deux Loix de la Nature, que j'ai fait connoistre le premier dont la première est la loy de la conservation de la force absolue ou de l'action motrice dans l'univers . . . et la seconde est la loy de la continuité, en vertu de laquelle entre autres effects, tout changement doit arriver par des passages inassignables et jamais par saut[2]).

In der von Gerhardt dem Briefe an Honoratus Fabri beigefügten Beilage (Mai 1702) wird den Cartesianern unter anderm vorgeworfen, dass sie beim Stoss der Körper die Elasticität nicht benutzt hätten: In eo etiam erratur a Cartesianis, quod putant mutationes fieri per saltum.... quia scilicet usum vis elasticae in corporum concursu non intellexere. Quae si abesset, fateor, neque lex quam voco continuitatis in rebus observaretur per quam evitantur saltus, neque lex aequivalentiae, qua vires absolutae conservantur . . .[3])

Indem wir die Stossregeln in der Zahl und in der Form wiedergaben, wie Leibniz sie uns hinterlassen hat, scheint es, dass wir selbst gegen unsere Behauptung: Leibniz habe nichts beigetragen zur Entwicklung der Mechanik, eine Instanz vorbringen. Sollte Leibniz nicht wenigstens die Gesetze des Stosses, aus welchen er das Fundament seiner Metaphysik, die Kräfteschätzung, ableitete (per hanc portam a Mathesi ad Metaphysicam transeundum censeo[4]) selbstständig aufgestellt haben? Nennt er sie doch in einem Brief an Hermann: meas illas tres regulas circa duorum corporum durorum concursus directos centrales[5])! Und ihre Aufstellung im Essay de dynamique wird eingeleitet mit den Worten: Voici maintenant nos trois equations.

---

1) Phil. II, 169 (der Brief stammt aus dem Jahre 1699).
2) VI, 229.
3) VI, 104.
4) III, 610.
5) IV, 380.

Indessen dürfte das Recht, mit welchem Leibniz die Stoss-gesetze: meas tres regulas nennt, kaum anfechtungsfrei sein; denn bereits ehe Leibniz nach Paris kam, waren durch Wallis, Wren und Huyghens in Folge Anregung der kgl. Societät in London die Gesetze des elastischen und unelastischen Stosses vollkommen bestimmt worden, und das Aprilheft der Philosophical Transactions vom Jahre 1669 enthält bereits die Regeln (ohne Ableitung) welche Huyghens der Societät zugesendet hatte.[1] Leider st mir dieses Heft nicht zugänglich gewesen; die ausführliche Ableitung der Stossregeln findet sich in der posthumen Schrift Huyghens': De motu corporum ex percussione (1703). Nach Mach[2] sind die Voraussetzungen, von denen Huyghens in dieser Abhandlung ausging, die folgenden: 1) das Gesetz der Trägheit, 2) dass elastische Körper gleicher Masse, welche mit gleichen entgegengesetzten Geschwindigkeiten auf einander treffen, mit ebendenselben Geschwindigkeiten sich trennen, 3) dass alle Geschwindigkeiten nur relativ geschätzt werden, 4) dass ein grösserer Körper, der an einen kleinern ruhenden stösst, diesem etwas an Geschwindigkeit mittheilt und selbst etwas von der seinigen verliert und endlich 5) dass, wenn der eine von den stossenden Körpern seine Geschwindigkeit beibehält, dies auch bei dem andern stattfindet.

Die Erhaltung der lebendigen Kraft beim Stoss spricht Huyghens in einem der letzten Sätze (XI) aus, welchen er auch nachträglich der londoner Gesellschaft eingesandt hat, „obwol der Satz," wie Mach[3] anführt, „unverkennbar schon den früheren Sätzen zu Grunde liegt" Diese Propositio lautet nämlich: »Duobus corporibus sibi mutuo occurrentibus, id quod efficitur ducendo singulorum magnitudines in velocitatum suarum quadrata, simul additum ante et post occursum corporum aequale invenitur: si videlicet et magnitudinum et velocitatum rationes in numeris lineisve ponantur.«

---

1) Nach Gerhardt, Einleitung zum Briefwechsel zwischen Leibniz und Oldenburg, Math. Schriften I. In der Einl. zu Opp. varia (1724) wird als Jahr der Entdeckung der Stossgesetze 1661 angegeben.

2) a. a. O. S. 291.

3) S. 294.

Huyghens selbst macht in einem an Leibniz gerichteten Briefe (11. Juli 1692), in welchem er sich auf diese Sendung an die londoner Societät zu beziehen scheint, keine Andeutung, dass er in Bezug auf seine neuen Aufstellungen Leibniz etwas verdanke; er erwähnt nur, dass Leibniz die Erhaltung gleicher Kräfte und die Zurückführung auf die perpetuirliche Bewegung benützt habe, um die Cartesischen Stossregeln als falsch zu erweisen: Sur la matière du mouvement j' ay bien des choses nouvelles et paradoxes à donner, que l'on verra, quand je publieray mes demonstrations des Regles de la Percussion, inserées autrefois dans les Journaux de Paris èt de Londres. Je communiquay ces demonstrations a nos Mrs. de l'Academie et j'en envoiay [aussi quelquesunes à la Societé Royale; dans lesquelles j' emploiay avec autre chose, cette conservatio virium aequalium et la deduction au mouvement perpetuel, c'est à dire à l'impossible, par où vous refutez aussi les regles de des Cartes, qui estant reconnues partout pour fausses et estant posées sans fondement, ne meritoient pas la peine que vous prenez[1]).

Offenbar durch den nicht blos in diesem Falle gerechtfertigten Vorwurf, offene Thüren eingerannt zu haben, gereizt, und gewissermassen, um seine Selbstständigkeit zu zeigen, erwidert Leibniz, er habe durch das Continuitätsprincip, welches er übrigens nicht ausdrücklich nennt (par un principe general de convenance, qui ne manque pas, à ce que je crois[2]) die Cartesischen Stossregeln als falsch erwiesen. Einen Antheil am Verdienst um die ˙Aufstellung der Stossgesetze beansprucht Leibniz in der Correspondenz mit Huyghens nicht. —

Je ernsthafter Leibniz bemüht gewesen ist, auf Grund eines beim Stoss elastischer Körper thatsächlich vorhandenen, wenn auch nicht von ihm entdeckten Gesetzes, der Erhaltung der lebendigen Kraft, nicht nur Einheit in die mechanische Naturerklärung zu bringen, sondern auch der Metaphysik und speciell dem Substanzbegriff eine feste, physikalische Basis zu geben, um so unabweisbarer tritt die Notwendigkeit an uns heran, dem

---

1) II., 140.
2) II., 146.

Problem näher zu treten: wie es gekommen ist, dass nicht die Cartesischen Wirbel und der Leibnizische Lichtäther die Ausgangspunkte und das Centrum der modernen Physik und — Metaphysik geworden sind, sondern das Galilei'sche Fallgesetz nnd die Newton'sche Anziehungskraft und ob es nicht vielleicht über kurz oder lang noch eintreten könnte, dass die Wissenschaft zu Leibniz zurückkehrend, wieder eine Verengerung des Kraftbegriffs vornimmt und alle mechanische Veränderung durch Stossvorgänge erklärt. Es scheint verwegen, besonders den zweiten Theil der Frage beantworten zu wollen, indessen wird eine etwas genauere Analyse des Vorgangs beim Stoss zeigen, wieso nicht prophetischer Geist sondern nur nüchternes Erwägen dazu gehört, um zu erkennen, dass der Weg, den Galilei, Huyghens und Newton eingeschlagen, der einzige ist, der vorwärts führen kann im wissenschaftlichen Begreifen der Natur.

Beim Stoss elastischer Körper (wir wollen uns der Einfachheit wegen gleiche mit beliebigen Geschwindigkeiten einander entgegenkommende Kugeln denken) müssen vier Perioden unterschieden werden. In der ersten streben die Körper mit gewisser Geschwindigkeit auf einander zu; das System repräsentirt, wenn die Geschwindigkeit constant, ein constantes Mass von kinetischer Energie, gemessen nach der möglichen Steighöhe oder dem halben Product aus Masse und Quadrat der Geschwindigkeit; in der zweiten, ziemlich kurzen Periode wird Geschwindigkeit (und kinetische Energie) der Körper continuirlich zu Null und es tritt potentielle Energie in der Form elastischer Spannkraft auf; in der dritten verwandelt sich die Spannkraft wieder continuirlich in lebendige Kraft, indem die Körper ihre frühere Gestalt wieder annehmen; in der vierten Periode endlich entfernen sich die Körper wieder von einander und es ist nach einem der Stossgesetze die lebendige Kraft dieselbe wie vor dem Stosse, wenn nicht ein Quantum derselben zur Leistung innerer Arbeit verbraucht worden ist.

Versuchen wir nun, eine Parallele zu ziehen zwischen dem Vorgang beim Stoss und dem freien Aufsteigen eines Körpers, so ergiebt sich, dass auch bei letzterem vier Perioden unterschieden werden müssen: die erste, in welcher dem Körper eine

Geschwindigkeit eingeprägt wird, damit er, der Schwere entgegen, aufsteige; die zweite, in welcher er aufsteigt und allmälig
die ihm eingeprägte kinetische Energie verliert; die dritte, in
welcher die angesammelte potentielle Energie wieder in kinetische
umgesetzt wird und endlich die vierte, in welcher der Körper
wieder die frühere Geschwindigkeit (lebendige Kraft) hat, wenn
nicht ein Theil der Energie zur Ueberwindung des Luftwider-
standes verbraucht ist. Beim freien Aufsteigen eines Körpers
aber werden wir nicht zweifelhaft sein, in welchen Perioden sich
der eigentliche mechanische Vorgang abspielt: das Gesetz des
continuirlichen Uebergangs von kinetischer in potentielle
Energie, d. h. die Beziehung zwischen Geschwindigkeit und Fallraum ist der Gegenstand der wissenschaftlichen Untersuchung;
ist dieses Gesetz ermittelt, so ist der Vorgang beim Aufstieg oder
dem Fall der Körper vollkommen ergründet. Dass v o r und
n a c h dem Aufstieg die lebendige Kraft des Körpers dieselbe,
ist bemerkenswerth, aber nur eine Consequenz des Fallgesetzes
und es ist nicht möglich aus der Consequenz das Fallgesetz
selbst abzuleiten. Hätte daher Galilei nicht mehr geleistet, als
die Thatsache ausgesprochen, dass ein Körper mit einer gewissen
Geschwindigkeit in die Höhe geworfen mit derselben wieder
(vom Luftwiderstand abgesehen) auf der Erde ankommt, so wäre
er wahrlich nicht der Begründer der modernen Dynamik ge-
worden. N i c h t d i e C o n s t a n z d e r l e b e n d i g e n K r a f t i s t
G e g e n s t a n d d e r U n t e r s u c h u n g, s o n d e r n i h r e V e r -
ä n d e r u n g.

Die Consèquenz für den Stoss ist leicht zu ziehen: d i e
s o g e n a n n t e n S t o s s r e g e l n s i n d g a r n i c h t d i e e i g e n t -
l i c h e n G e s e t z e d e s S t o s s e s. Dieser Vorgang scheint einfach und zur Grundlegung der gesammten Mechanik geeignet,
weil die Geschwindigkeiten nach dem Stoss sich sehr einfach
aus denen vor dem Stoss ableiten lassen. Dass indessen die
lebendige Kraft vor und nach dem Stoss dieselbe, ist gleichbedeutend mit der Thatsache, dass die Geschwindigkeit eines
Körpers vor und nach dem Aufstieg dieselbe ist. Und ebensowenig, wie letztere Thatsache das Fallgesetz involvirt, vielmehr
eine Consequenz desselben ist, so ist die Erhaltung der lebendigen

Kraft beim Stoss nicht das Gesetz desselben, sondern muss als Consequenz der physikalischen Thatsache gelten, dass es Körper giebt, die beim Anstossen eines andern streben, die frühere Configuration wieder anzunehmen, keine potentielle Energie dauernd aufspeichern. Die Gesetze des elastischen Stosses gehören in die Physik und bilden, wie die Elasticität überhaupt, eine ihrer schwierigsten Partien. Die sogenannten Stossregeln bedeuten nur die Thatsache, dass in einem System die kinetische Energie wieder dieselbe wird, wenn die frühere Configuration sich wieder herstellt.

Leibniz blieb mit seinen mechanischen Untersuchungen da stehen, wo er hätte anfangen sollen, und auf Huyghens' Schultern stehend hätte anfangen können. Er forderte die Erhaltung der lebendigen Kraft, während ihre Wandlung der Gegenstand der Physik ist. Er wollte, dass die Mechanik an der Wiege der Metaphysik stehen solle: und dieser Wille entsprang dem richtigen Vaterblick. Aber die Leibniz'sche Mechanik, die in den Stossgesetzen aufging, hat dem Kinde ein unheilvolles Pathengeschenk in die Wiege gelegt: die Erhaltung der lebendigen Kraft; es ist die Ursache der späteren Irrungen geworden.

Capitel III.

Die Monade. Das Problem der Continuität bei Cavalleri und Leibniz.

»Bei allem Wechsel der Erscheinungen bcharret die Substanz, und das Quantum derselben wird in der Natur weder vermehrt noch vermindert«: so hat Kant in der zweiten Ausgabe der Vernunftkritik seine erste Analogie, den Grundsatz der Beharrlichkeit der Substanz, formulirt; diese Kantische Fassung des Substanzbegriffs soll der Massstab sein, an dem wir versuchen wollen, den Fortschritt festzustellen, den die Leibnizische Substanzlehre trotz aller Verirrungen, in die sie durch falsche mechanische Vorstellungen und durch mangelhafte Unterscheidung von Mathematik und Mechanik gerathen ist, gegenüber derjenigen Descartes' bedeutet. Wir glauben dieser systematischen Confrontirung der beiden bedeutendsten modernen Vorgänger Kant's nicht entrathen zu können, wenn es verständlich werden soll, wie Leibniz zu jener merkwürdigen Complication von Substanz und Continuität gelangen konnte, welche die Monade bedeutet.

Descartes[1]) ging aus vom Zweifel; indem ich alles in Zweifel ziehe, kann ich doch nicht daran zweifeln, dass ich denke; die denkende Substanz beharrt bei allen Versuchen, sie wegzudenken; denn, indem ich diesen Versuch mache, kann ich ihn nur denkend machen, so dass sich also gerade im Zweifeln die Beharrlichkeit des denkenden Subjects bewährt. Daher der Schluss: ego cogito, ergo sum. Ich bin eine denkende Substanz.

Aber, so kritisch diese Methode, zur beharrenden Substanz zu gelangen, erscheint, so wenig hat sie schon dem tiefdringenden

---

1) Zu den folgenden Bemerkungen über die cartesische Substanzlehre ist dasMaterial zum Theil aus Natorp, Descartes' Erkenntnisstheorie (besonders II, 2; IV, 2) entnommen.

Blicke Kant's ihren dogmatischen Charakter verhehlen können. Mag immerhin unter dem Denken im cogito ergo sum das gesetzmässige, wissenschaftliche Denken, etwa das Denken des Mathematikers verstanden werden; der Schluss: weil ich gesetzmässig denke, bin ich eine denkende Substanz kann doch vor dem Richterstuhle der Kritik nicht bestehen. Denn aus der Thatsache des Denkens, auch wenn es das Denken eines Newton wäre, kann ich auf die Substantialität des Denkens nicht mit besserem Recht schliessen, als ich von der Thatsache äusserer Wahrnehmungen auf die Substanz der Körper schliesse. Erst durch wissenschaftliche Beobachtung komme ich zur körperlichen Substanz; die Messungen Galilei's, die Wägungen Lavoisier's waren Mittel, das Beharrende der Natur zu finden. Die Seelensubstanz aber kann weder durch Messung noch durch Zweifel gerettet werden; wir fallen unrettbar in Paralogismen, wenn wir sie annehmen.

Am deutlichsten wird der dogmatische Charakter des cogito ergo sum in der »Recherche de la vérité par les lumières naturelles«, in welcher der Einwand gemacht wird: um jene Folgerungen zu ziehen, welche zum je pense donc je suis führen, müsse ich zuerst wissen, was Zweifeln, was Denken und was Existenz ist[1]): »Allein dies weiss ein Jeder, nicht durch eine Definition per genus et differentiam, sondern weit gewisser und unmittelbarer durch die eigene Erfahrung, durch jenes Bewusstsein oder innere Zeugniss, das jeder in sich selbst findet, indem er die Sachen prüft. So wie wir vergeblich dem Blinden die Farben erklären würden, während wir nur die Augen zu öffnen brauchen, um sie zu sehen, so brauchen wir nur zu zweifeln und zu denken, um zu erkennen, was Zweifel und Denken ist . . . . Mein Zweifeln selbst genügt, mich den Zweifel und damit zugleich die Gewissheit erkennen zu lassen: sobald ich angefangen habe zu zweifeln, habe ich auch angefangen, mit Gewissheit zu erkennen«. Sollte Galilei wirklich sein Nachdenken und seine Experimente über die Gesetze des Falls mit Zweifeln begonnen haben?

---

1) XI, 367.

Während mir der Schluss, durch den sich Descartes zur denkenden Substanz leiten lässt, als dogmatisch und seit der Vernunftkritik keiner Discussion mehr fähig erscheint, dürfte dagegen in der Art und Weise, wie die Substanz der Körper aufgestellt wird, ein lebensfähiger Keim liegen. Wenn ich ein Stück Wachs dem Feuer nähere, argumentirt die zweite Meditation, verändert es seine Gestalt, seine Härte, Farbe, Geruch; ist es dasselbe Wachs geblieben? Die Antwort lautet: »Il faut donc demeurer d'accord que je ne saurais pas même comprendre par l'imagination ce que c'est que ce morceau de cire, et qu'il n'y a que mon entendement seul, qui le comprenne«[1]). Das Wachs ist also nicht eine Vision oder eine Berührung, sondern eine inspection de l'esprit. So ist es auch mit den Menschen auf der Strasse; ich sehe nur Hüte und Mäntel und ich urteile, dass es Menschen sind. Und endlich der Schlusssatz: So bin ich denn unmerklich dahin gekommen, wohin ich wollte. Denn es ist nunmehr offenbar, dass die Körper selbst in ihrer Eigentümlichkeit (proprement) nicht durch die Sinne oder die Vorstellungsfähigkeit erkannt werden, sondern durch den blossen Verstand und dass sie nicht erkannt werden, wenn man sie sieht oder berührt, sondern nur wenn man sie denkt«.

Wie aber lässt es sich mit diesen Wendungen, die auf hoher Stufe idealen Begreifens stehen, vereinigen, dass Descartes, indem er nun die positive Bestimmung der körperlichen Substanz unternahm, die Ausdehnung zu demjenigen machte, was die Natur des Körpers constituirt? »Comment on peut avoir des notions distinctes de l'extension et de la pensée, en tant que l'une constitue la nature du corps et l'autre celle de l'âme«, lautet die Randnote zum 63. Capitel des ersten Theils der Principien und die zum 4. Capitel des zweiten Theils (aus dem wir früher bereits eine Stelle anführten): Que ce n'est pas la pesanteur, ni la dureté, ni la couleur etc. qui constitue la nature du corps, mais l'extension seule«.

Hier, glaube ich, muss einfach anerkannt werden, dass Descartes, indem er, vielleicht durch die Einwendungen Gassendi's veranlasst, eine positive Bestimmung der körperlichen Substanz

---

1) Oeuvres, I, 258.

unternahm, von der Höhe der Abstraction, zu welcher er sich in der zweiten Meditation aufgeschwungen hatte, wieder herabgestürzt ist. Er wollte den Sinnen die Anmassung nehmen, die Substanz der Körper anschauen zu können; indem er aber den Raum zur Substanz der Körper oder wenigstens zu ihrem Haupt-Attribut machte, blieb das Können weit hinter dem Wollen zurück, blieb er in der Imagination stecken, die er überwinden wollte. Der Raum leistet dem »Wegdenken« den hartnäckigsten Widerstand; zur Belohnung seiner Ausdauer wurde er zur Substanz erhöht.

Gegen diese, wie es scheint von den Cartesianern ihrer Einfachheit wegen allgemein angenommenen Substanzlehre wendet sich Leibniz; »notionem illam substantiae corporeae crassam et ab imaginatione sola pendentem« müssen wir aufgeben, was sich in unserer Imagination erhält, ist noch nicht das Beharrende der Natur. Nur die Mechanik kann lehren, was Substanz sei.

Zunächst sollte Descartes mit seinen eigenen Waffen geschlagen werden: weil sich nach diesem Philosophen die Quantität der Bewegung beim Stoss erhält, alle Bewegung in der Natur aber Stossbewegung ist, glaubte Leibniz die Substanz in die Bewegung legen zu müssen. In Paris aber lernte er von Huyghens, dass beim elastischen Stoss sich die nach dem Quadrat der Geschwindigkeit geschätzte Kraft erhalte; Leibniz zögerte nicht, nunmehr die Essenz der Körper in ihrer »lebendigen Kraft« zu suchen. Hatte doch diese Lehre besonders das Verlockende, dass die Kraft des Körpers, wenn man sie nach dem stets positiven Quadrat der Geschwindigkeit schätzt, etwas absolutes, von der Richtung unabhängiges wird, eine Urkraft, wie sie in dem Zeitalter Leibnizens noch gesucht wurde.

Worin der mechanische Irrtum dieser Lehre besteht, suchten wir im vorigen Capitel darzulegen; als eine treffliche Bewährung des idealistischen Standpunktes zeigte sich, dass die Natur sich uns gestaltet nach dem Substanzbegriff, mit welchem wir an sie herantreten. Wem die lebendige Kraft der Bewegung gleichbedeutend ist mit Substanz, muss alle Erscheinungen in der Welt als Folgen von Stossvorgängen auffassen, hört aber bei diesem Standpunkt mit seiner Nachforschung da auf, wo sie beginnen soll: bei der Wandlung, welche die lebendige Kraft, auch beim Stoss, wie bei jeder continuirlichen Aenderung erfährt. Wir können uns indessen nicht damit begnügen, den mechanischen Grundirrtum Leibnizens enthüllt zu haben: ist doch die Weiterbildung, welche Leibniz, geleitet durch seine tiefe mathematische Einsicht, an dem zunächst mechanisch gefassten Substanzbegriff vollzogen hat, für die Entwicklung der Philosophie eine so folgenschwere, dass unsere Untersuchung unvollständig bliebe, wollten wir nicht der Entfaltung der Substanzlehre in der Monadologie folgen. Dabei complicirt sich die Substanz mit den Continuität.

In dem Briefe an Johann Bernoulli, von welchem das erste Capitel seinen Ausgang nahm, nimmt Leibniz es als sein Verdienst in Anspruch, zur Continuität des Raumes die des Grades bei mechanischen Veränderungen hinzugefügt zu haben. ». . . jene, welche aufstellten (wie gemeiniglich Alle thun), dass die Bewegung nicht sprungweise geschehe oder dass ein Körper von einem Ort zum andern nur durch die dazwischenliegenden Oerter gelange, haben die Wahrheit gesehen, aber nicht die ganze: denn dasselbe wird nicht weniger bei den Graden als bei den Oertern beobachtet«. Wie Leibniz die Thatsache der mechanischen Continuität zu erklären sucht, ist bereits gezeigt worden: sie beruht auf der Bewegung des Aethers, der durch seine continuirlichen Stösse die letzte Ursache aller Erscheinungen in der Natur ist. Nunmehr aber muss die Einseitigkeit wegfallen, welche den Blick bisher nur auf die mechanische Stetigkeit als die schwierigere Thatsache, richtete: die Stetigkeit des Raumes, der Zeit und der mechanischen Veränderung stehen gleichwertig zusammen im Problem der Continuität.

Schon das Wort »continuum« deutet, im Gegensatz gegen den nur die Thatsache markirenden Terminus der Stetigkeit auf die Schwierigkeit hin, welche der Continuitätsbegriff enthält. Continere heisst »enthalten«, die Bezeichnung also weist auf ein Etwas, welches im Continuum enthalten sein will, ohne dass doch aus ihm das Continuum zusammengesetzt sein soll; denn im Continuum giebt es keine Theile, die so klein wären, dass sich nicht durch weitere Theilung noch kleinere erzielen liessen.

Und doch soll im Stetigen etwas enthalten sein, damit es Continuum werde. Die Schwierigkeit ist ebensogross für Raum und Zeit wie für continuirliche mechanische Aenderung, nur liegt bei letzterer die Thatsache selbst nicht so zu Tage.

Soweit mir bekannt, war Cavalleri, der durch Kepler angeregt worden zu sein scheint, der erste, welcher das Problem erkannte, das die Continuität birgt, und der dadurch, dass er es für den Raum löste, der Mathematik die Methode der Indivisibeln schenkte. Wenn man bedenkt, dass sich das Indivisible nicht allein zu dem Moment Newton's und dem Differential Leibnizens ausgewachsen hat, sondern dass es sich auch in scheinbar so entlegenen Gründen, wie die untheilbaren Monaden Leibnizens zu sein scheinen, wiederfindet, so wird es nicht überflüssig erscheinen, wenn wir wenigstens die Grundzüge der Methode der Indivisibeln zu begreifen suchen.

In der Vorrede zu dem im Jahre 1635 erschienenen Werk: Geometria indivisibilibus continuorum nova quadam ratione promota[1]) verbreitet sich Cavalleri sehr ausführlich über die Erfindung und das Wesen seiner Methode. Die wichtigsten Stellen lauten in der Uebersetzung so: »Als ich einst über die Erzeugung (genesis) der festen Körper, welche durch Umdrehung um eine Axe entstehen, nachdachte und das Verhältniss der erzeugenden Ebenen mit den erzeugten Körpern verglich, so wunderte ich mich auf's höchste, dass die erzeugten Figuren von den Beziehungen der eigenen Eltern so sehr abwichen, indem sie ein von diesen verschiedenes Verhältniss zu haben schienen. So ist z. B. der Cylinder das dreifache von dem über derselben Basis und mit derselben Höhe construirten Kegels, während das erzeugende Parallelogramm das Doppelte des den Kegel erzengenden Dreiecks ist etc.« »Diese sich stets wiederholende Abweichung«, fährt Cavalleri fort, »habe ihn überzeugt, dass es zu keinem Resultat führe, wenn er sich den Cylinder aus unzähligen, durch die Axe gehenden Parallelogrammen, den Kegel aus unzähligen, durch die Axe gehenden Dreiecken

---

1) Ich citire und übersetze nach Gerhardt, die Entdeckung der höheren Analysis 1855.

gleichsam als compact denke, (cylindrum . . . veluti compactum effingens) da das Verhältniss der erzeugenden Flächen keineswegs dem der erzeugten Körper entspreche. Als er dann ein wenig tiefer nachgedacht, sei er darauf verfallen, dass zum Zwecke der Figurenausmessung die Linien und Ebenen nicht als zusammenfallend sondern als gleichweit von einander abstehend anzunehmen seien; der Cylinder und der Kegel müssen z. B. durch Ebenen, welche der Basis parallel laufen und gleichweit von einander abstehen, geschnitten werden; dann verhalten sich »omnia plana cylindri« zu »omnia plana coni«, die Basis als gemeinsame »regula« angenommen, wie Cylinder zu Kegel.

Wie die »omnia plana« bei Cylinder und Kegel zu bestimmen seien, lehrt das zweite Buch des in Rede stehenden Werkes; wir können auf die Einzelheiten der Cavalleri'schen Methode, als zur Geschichte der Mathematik gehörig, hier nicht eingehen, doch wollen wir hier nicht unterlassen, ganz besonders auf die Worte aufmerksam zu machen, welche Cavalleri der eben citirten Auseinandersetzung anfügt. An den Satz . . . eandem sane rationem habere illa (scil. cylindrum et conum) comperi, quae lib. II voco omnia plana cylindri ad omnia plana coni, regula communi basi schliesst sich als Klammer (nempe circulorum congeriem, quae intra cylindrum et conum, veluti vestigia plani a basi ad oppositam basim continuo illi aiquidistanter fluentis quodammodo relinqui intelliguntur). Zu welcher Bedeutung der Gedanke des Fliessens, fluere, der sich hier findet, später gelangt ist, kann als bekannt vorausgesetzt werden; Gerhardt hat bereits darauf hingewiesen, dass Newton dem Cavalleri diesen Ausdruck entlehnt hat[1]). Aber es wird aus den zuletzt angeführten Worten im Zusammenhang mit den vorhergehenden Sätzen deutlich, wie klar Cavalleri erkannte, dass man sich das Continuum nicht veluti compactum denken dürfe, sondern dass die erzeugende Linie oder Fläche, indem sie continuirlich fliessend ein anderes Gebilde erzeugt, gewissermassen Spuren hinterlasse und dass diese Spuren in ihrer

---

1) In der Einleitung zum Briefwechsel zwischen Leibniz und Oldenburg, I, 6.

Gesamtheit als Aequivalent des Erzeugten, des Continuums, zu betrachten seien.

Ueber die Opposition, die solche Zusammensetzung des Continuums aus Indivisibeln hervorrufen muss, täuschte sich Cavalleri keineswegs. »Haud quidem me latet«, heisst es in der Vorrede zum siebenten Buch, »circa continui compositionem nec non circa infinitum, plurima a philosophis disputari, quae meis principiis obesse non paucis fortasse videbuntur, propterea nempe haesitantes, quod »omnium linearum« seu »omnium planorum«[1]) conceptus cimeriis veluti obscurior tenebris inapprehensibilis videatur: vel quod in continui ex indivisibilibus compositionem mea sententia prolabatur: vel tandem quod unum infinitum alio majus dari posse pro firmissimo geometriae sternere ausim fundamento.« Nachdem Cavalleri dann gezeigt, wie er beide Schwierigkeiten hätte umgehen können, giebt er, im Geiste seiner Gegner sich selbst opponirend, zu, dass der Begriff »omnium linearum« und »omnium planorum« einen gordischen Knoten bilde, den er selbst zu lösen nicht im Stande sei, den aber zu durchhauen oder ganz zu beseitigen er für unwürdig gehalten habe, im Vertrauen darauf, dass einst Einer kommen und die gewünschte Lösung geben werde. »Fregissem quidem fateor, o Geometrae« (scil. Gordium nodum) ruft Cavalleri voll edlen Selbstvertrauens aus, »vel omnino a prioribus libris sustulissem, nisi indignum facinus mihi visum fuisset, nova haec geometriae veluti mysteria sapientissimis abscondere viris, ut his fundamentis, quibus tot conclusionum ab aliis quoque ostensarum veritates adeo mire concordant, alicujus industria melius forte concinnatis, hujusce nodi exoptatam illis dissolutionem aliquando praestare possint.«

Es ist nicht recht verständlich, dass Gerhardt es einen Widerspruch im Princip der Cavalleri'schen Methode nennt, »continuirliche Grössen auf discontinuirlichem Wege bestimmen

---

1) Die Anführungszeichen habe ich des besseren Verständnisses halber zugesetzt.

zu wollen«[1]). Denselben Vorwurf musste er dann auch seinem Leibniz machen, der so vollständig auf den Schultern Cavalleri's steht, dass sich bei ihm wörtliche Uebereinstimmung mit Cavalleri'schen Wendungen finden. Am 9. October 1687 schreibt Leibniz an Arnauld: Deshalb haben die Philosophen erkannt, dass die Form der Materie die Bestimmung (l'estre determiné) giebt und die, welche darauf nicht achten, ne sortiront jamais du labyrinthe de compositione continui, s'ils y entrent une fois[2]). Dieselbe lateinische Wendung, die von Cavalleri stammt, findet sich mehre Male im französischen Text, zum Beweise, dass Leibniz selbst sie als Citate markiren will. So schreibt er in der Vorstudie zum Brief vom 28. Nov./8. Dec. 1686: Enfin, quoyque je demeure d'accord, que la consideration des formes ou ames est inutile dans la physique particuliere, elle ne laisse pas d'estre importante dans la metaphysique. A peu près comme les Geometres ne se soucient pas de compositone continui et les physiciens ne se mettent point en peine, si une boule pousse l'autre, ou si c'est Dieu.[3]) Im Text des Briefes selbst: il est inutile aux geometres, d'examiner les difficultés de compositione continui, quand ils travaillent à resoudre quelque probleme. Einige Zeilen vorher finden sich die charakteristischen Worte in's französische übersetzt: Die Kenntniss vom Raum ist durchaus nicht (wie Descartes behauptet hatte[4]) klar und distinct »temoin les estranges difficultés de la composition du continu[5]). Endlich sei aus einem Briefe vom April 1687 angeführt: les difficultés de compositione continui ne se resoudront jamais tant qu'on considerera l'étendue comme faisant la substance des corps et nous nous embarassons de nos propres chimeres[6]).

Wir haben absichtlich die Stellen gehäuft, in denen sogar äusserlich der Zusammenhang zwischen Leibniz und Cavalleri

---

1) a. a. O. S. 24.
2) Phil. II, 119.
3) S. 73.
4) In der dritten Meditation.
5) S. 77.
6) S. 98.

hervortritt, weil Gerhardt die Bedeutung des Indivisibeln und der »omnes lineae« und »omnia plana« für die Infinitesimal-Methode offenbar nicht hinlänglich gewürdigt hat. Die Weiterbildung Leibnizens bestand darin, dass er für das Cavalleri'sche omnes lineae, omnia plana das Integralzeichen und für das Indivisible das Differentialzeichen einführte, in jenem denkwürdigen Manuscript vom 29. Oktober 1675, welches Gerhardt herausgegeben und in dem oben citirten Werk mit Anmerkungen begleitet hat. Daselbst heisst es: Utile erit scribi $\int$ pro omn. ut $\int l$ pro omn. l, id est summa ipsorum l. Erst nachdem die einfachsten Gesetze des Integrirens gefunden sind, wird das Differentialzeichen und zwar zunächst in anderer als der jetzt üblichen Form eingeführt. Im Vorhergehenden hatte Leibniz bereits bemerkt: Si analytice detur $\int l$ dabitur etiam l, jetzt kommt er auf das Umgekehrte zu sprechen: Datur l, relatio ad x, quaeritur $\int l$. Quod fiet jam contrario calculo, scilicet si sit

$$\int l = ya, \text{ ponamus } l = \frac{ya}{d},$$ nempe ut $\int$ augebit, ita d

diminuet dimensiones. $\int$ autem significat summam, d differentiam. Erst einige Tage später (11. Nov. 1675) tritt das Zeichen dx auf und Leibniz macht die Bemerkung: Idem est dx et $\frac{x}{d}$, id est differentia inter duas x proximas.

Möge es genug sein mit diesem Beitrag zum besseren Verständnis des Zusammenhangs zwischen Cavalleri und Leibniz; vollständig diese Beziehungen aufzuklären und den genauen Entwicklungsgang Leibnizens bis zur Aufstellung des neuen Algorithmus zu geben, wird dem gelingen, der sich in die zeitgenössischen Mathematiker auf das eingehendste vertieft, mehr noch, als Gerhardt gethan hat, dem wir übrigens für das beigebrachte, sehr schätzenswerte Material und dessen Verarbeitung zu Dank verpflichtet sind.

Wie aber hat Leibniz das Indivisible des Cavalleri metaphysisch verwendet? Ist es ihm gelungen, einen Ausweg zu finden aus dem Labyrinth de compositione continui, in welchem der Mathematiker, dank seiner beschränkteren Aufgabe, sich heimisch fühlt und den dort hausenden Drachen: die endlose Theilbarkeit des Raumes, der Zeit und der Geschwindigkeit nicht fürchtet? Leibniz hat versucht, die schon von Cavalleri voll gewürdigte Schwierigkeit zu lösen, indem er auf den Raum seinen intelligibeln, mechanisch gewonnenen Substanzbegriff anwendete: es entstand die Monade.

Dass Substanz sei, was sich erhält: dieser Gedanke ist schon bei Descartes anzunehmen, nur suchte derselbe zu dem sich Erhaltenden dadurch zu gelangen, dass er sich fragte, was sich in unseren Vorstellungen am längsten erhält, dem Wegdenken den hartnäckigsten Widerstand leistet. So haben die Cartesianer, das ist der oft wiederholte Vorwurf, den Leibniz ihnen macht, obwohl sie sich dessen rühmen, die imaginabilia und die intelligibilia nicht richtig unterschieden, sind im Gegentheil gerade bei der Substanz recht im Sinnlichen stecken geblieben: Mirum vero non est Cartesianos, dum Extensionem tanquam aliquid absolutum, $\ddot{\alpha}\dot{\varrho}\dot{\varrho}\eta\tau o\nu$, irresolubile, primitivum accepere, substantiae corporeae naturam non intellexisse, neque ad vera principia pervenisse; scilicet imaginationi consulentes et fortasse etiam hominum applausum captantes, conquiescere voluerunt, ubi cessabat imaginatio, etsi alioqui jactent imaginabilia atque intelligibilia a se bene discerni[1]).

Diesen Grundirrtum suchte Leibniz zu verbessern, indem er die Mechanik zur Intellectuirung der Substanz benutzte; die lebendige Kraft wurde ihm das Beharrende, weil beim elastischen Stoss, auf welchen alle Veränderung in der Natur zurückzuführen ist, sich die lebendige Kraft der Körper erhält. Wie verhält sich aber diese neuartige Substanz zu der Substanz der Cartesianer, der Ausdehnung?

Es scheint nun, dass Leibniz der Versuchung nicht habe widerstehen können: die Schwierigkeit, welche sowol das Cavalleri'sche Indivisible als sein eigenes Differential boten, dadurch zu lösen, dass er diese räumlichen »Rudimente« intellectuirte, und sie, ohne weiter zu untersuchen, ob nicht

---

noch andere intelligibilia anzunehmen seien, zu Substanzen machte. Wenn Cavalleri gelehrt hatte — und Leibniz, der Vater des Differentials, musste ihm beistimmen — dass wir uns den Körper nicht als quasi compactum vorstellen dürfen, sondern dass wir ihn entstanden denken müssen durch continuirliches Fliessen erzeugender Flächen, so, dass die Erzeugenden Spuren zurücklassen, die „omnia plana", welche gleichen Abstand haben und in ihrer Gesamtheit das Continuum bilden, so erhebt sich das Dilemma: haben je zwei, möglichst nahe Ebenen einen Abstand, so kann man weitere Ebenen zwischen sie legen, und kommt niemals zu den „omnia" plana; haben sie keinen Abstand, so fallen sie zusammen, sind ununterscheidbar. Wie aber, wenn jener „indivisible" Abstand gar nicht sensibel wäre? Ist er aber nur mit dem Intellect zu percipiren, dann hat er etwas Gemeinsames mit der Substanz, die auch von der Imagination, wider ihren Willen, loszulösen ist. Und nun machte Leibniz den übereilten Schluss, der das Verhängnis seiner Metaphysik geworden ist: Also ist das Indivisible selbst Substanz.

Ich möchte sagen, dass das Leibnizische Denken einen Cirkel beschrieben hat. Die Cartesische Substanz der Ausdehnung sollte überwunden werden mit den Waffen der Mechanik. Aber, verführt durch die sogenannten Stossgesetze, glaubte Leibniz, alle Veränderung auf Stossvorgänge zurückführend, in der Erhaltung der lebendigen Kraft das Grundgesetz der Natur entdeckt zu haben. So wurde seine Substanz schon mechanisch verdorben. Nun kam die Complication mit der Mathematik. Leibniz meinte Descartes beseitigt zu haben und steckte so tief in seiner Lehre, dass er doch wieder die Substanz bei der Ausdehnung suchte. Nur wurde das Element des Raumes Substanz, nicht das Ausgedehnte selbst.

Es sind besonders die Correspondenzen mit Arnauld, de Volder und Johann Bernoulli, in denen sich die breitere Ausführung des so eben gegebenen Gedankengangs findet. »Extensio mihi nihil aliud esse videtur, quam continuus ordo cöexistendi, ut tempus continuus ordo existendi successive. Unde non unum magis quam alterum pro substantia habere, sed ipsa, quae sic existunt[1]).«

---

1) Phil. II, 221

In diesen Worten, die sich in verschiedenen Variationen wiederholt finden, liegt die mathematische Grundanschauung, welche zugleich den Gegensatz gegen Descartes wie den Anschluss an Cavalleri bezeichnet. Das specifisch Neue aber wird mit aller wünschenswerthen Offenheit ebenfalls an zahlreichen Stellen ausgesprochen: Il n'y a que les substances indivisibles et leurs differents estats, qui soient absolument réels[1]) heisst es in einem Briefe an Arnauld und einige Seiten später: . . . toute substance, qui n'est pas divisible (c'est à dire selon moy toute substance en général.)[2]) Wie sich dann der zunächst mathematische Gedanke des Indivisibeln, der nicht einmal dem Raumelement, dem Differential adäquat ist, mit dem Substanzbegriff amalgamirt und zu immer kühneren und gewagteren Conceptionen führt, möge die folgende Stelle[3]) zeigen, die sich noch in demselben Briefe an Arnauld findet: Quant aux substances corporelles, je tiens, que la masse, lorsqu'on n'y considere que ce qui est divisible, est un pur phenomene, que toute substance a une veritable unité à la rigueur metaphysique et qu'elle est indivisible, ingenerable et incorruptible . . . Zu der mathematischen „Untheilbarkeit" und der mechanischen Unzerstörbarkeit ist also schon die Unverderbbarkeit getreten, ein Begriff, der gewiss weder mathematisch noch mechanisch ist.

Es gilt hier der Vergleich, den Descartes in der Vorrede zu den „Principien" zwischen dem falschen Philosophiren und dem Marschiren auf falschem Wege gezogen hat: Wenn man dem Ort, zu dem man gelangen will, den Rücken zuwendet, so entfernt man sich um so weiter, je länger und je rascher man geht, so dass man, nachher auf den richtigen Weg gebracht, nicht sobald ankommen kann, als wenn man vorher gar nicht marschirt wäre; ebenso entfernt man sich, wenn man schlechte Principien hat, je mehr man sie cultivirt und sich bemüht, verschiedene Consequenzen daraus zu ziehen, in der Meinung, das

---

1) Phil. II, 119.
2) 121.
3) 126.

sei gut philosophiren, um so mehr von der Erkenntnis der Wahrheit und Weisheit. —

In der oben citirten Stelle haben wir eine Probe von der wahrhaft unerquicklichen Complication, welche bei Leibniz zwischen Mathematik, Mechanik und Seelenlehre stattgefunden hat. Wir wollen es bei dieser Probe bewenden lassen; ist es ja nicht unsere Absicht, das Leibnizische System zu reconstruiren, sondern es wurde auf die Substanzlehre nur deshalb eingegangen, weil Leibniz das Problem der Continuität mittelst des Substanzbegriffs zu lösen suchte. Es wäre sonst nicht schwer, ausführlich den Nachweis zu führen, dass in letzter Linie nicht die Erkenntnis und Klärung des Begriffs der körperlichen Substanz die metaphysische Aufgabe ist, die sich Leibniz gestellt hat, sondern dass ihm die Seele, das Ich, Substanz $\varkappa\alpha\tau'$ $\dot{\varepsilon}\xi o\chi\acute{\eta}\nu$ ist, nach deren Analogie die körperliche Substanz zu fassen ist. Je ne sçaurois dire precisement s'il y a d'autres substances corporelles veritables que celles qui sont animées, mais au moins les ames servent à nous donner quelque connoissance des autres par analogie.[1])

Leibniz ist eben Cartesianer geblieben, trotz der beachtenswerten Ansätze, die er gemacht hat, um seinen Vorgänger zu überwinden. „Comment nous pouvons plus clairement connoître notre âme que notre corps" lautet die Frage, welche Descartes im 11. Capitel des ersten Buchs der „Principien" aufwirft und die Antwort lautet: Das „natürliche Licht" zeigt uns, que nous connoissons d'autant mieux une chose ou substance, que nous remarquons en elle davantage de propriétés: or il est certain que nous en remarquons beaucoup plus en notre pensée qu'en aucune autre chose que ce puisse être, d'autant qu'il n'y a rien qui nous fasse connoître quoi que ce soit, qui ne nous fasse encore plus certainement connoître notre pensée. Leibniz hat der Seelensubstanz den Primat gelassen; sie ist ihm das Gegebene, nach deren Analogie die körperliche Substanz aufgestellt werden muss.

Es ist in dem Gewirr der Gedanken, welche Leibniz über den Substanzbegriff vorbringt, fast ein Trost zu nennen, dass er

---

1) An Arnauld, Phil. II, 76.

sich selbst die Unklarheit nicht verhehlt, in der er steckt. Ruft er doch selbst bei Beginn des Briefwechsels mit de Volder, trotzdem er bereits früher mit Arnauld einige Jahre über die Substanz debattirt hatte, aus: Utinam Meditationes meas Metaphysicas de Naturą Substantiae et hinc pendentibus aeque clare exponere possem aut digestas haberem, uti partem dynamices Mathematicam habeo[1]). Der Brief stammt aus dem Ende des Jahres 1698 oder dem Anfang des folgenden; jedenfalls ein bedenkliches Zeichen für die Leibnizische Philosophie, dass ihr Urheber nach eigenem Geständnis noch im sechsten Decennium seines Lebens sich über den Substanzbegriff keine Klarheit verschafft hat. Im Verlauf des Briefwechsels mit de Volder stellt zwar Leibniz, von jenem aufgefordert, eine Definition der Substanz auf, doch wird es aus derselben erst recht deutlich, dass Leibniz die Seelensubstanz und die körperliche Substanz auseinanderzuhalten nicht vermochte. An den Rand des Manuscripts vom 6. Juli 1701 hat er geschrieben: Substantia est ἄτομον αὐτοπληροῦν Atomon per se completum seu se ipsum complens Unde sequitur esse Atomon vitale seu Atomum habens ἐντελέχειαν. Atomon idem est, quod vere unum. Conflatum ex Substantiis voco rem substantialem[2]). Die Worte: „per se completum seu se ipsum complens" markiren die Anlehnung an Descartes, welcher lehrt: Lorsque nous concevons une substance, nous concevons seulement une chose qui existe en telle façon qu'elle n'a besoin que de soi même pour exister[3]). Für das Indivisible ist der griechische Ausdruck getreten: das Atom. An den mechanischen Grundgedanken erinnert dagegen schärfer die folgende Erklärung, die sich in dem Briefe vom 20. Juni 1703 findet: Substantiam ipsam potentia activa et passiva primitivis praeditam, veluti τὸ Ego vel simile, pro indivisibili seu perfecta monade habeo, non vires illas derivativas quae continue aliae atque aliae reperientur[4]).

---

1) Phil. II, 162.
2) Phil. II, 224.
3) Princ. phil. I, 51.
4) Phil. II, 251.

Kant war es, der die Seelensubstanz für mmer vertilgte; erst durch diese That ist es möglich geworden, die Substanz voll und ganz der Naturforschung zu überantworten, welche diesen Begriff wissenschaftlich zu verwerten hat. Zur Lösung des Continuitätsproblems, soweit dasselbe überhaupt in die Erfahrungstheorie gehört, ist der Grundsatz der Beharrlichkeit zunächst nicht berufen. Um aus dem Labyrinth de compositione continui herauszukommen, bedürfen wir eines andern Ariadnefadens: der Realität als Hauptrepräsentanten der die Quantität erst füllenden Qualitätsbegriffe.

Es kann nicht unbemerkt geblieben sein, dass sich in einer der oben citirten Stellen die Realität mit der Substanz zusammen findet: Il n'y a que les substances indivisibles et leurs differents estats, qui soient absolument réels, hiess es in einem Briefe an Arnauld. Aber es lassen sich auch Stellen beibringen, in denen Leibniz die Realität getrennt von der Substanz mit dem Indivisibeln verbindet. In Bezug auf seinen Disput mit de Volder schreibt Leibniz an Joh. Bernoulli (1. Juli 1704), es sei wunderbar, wie oft treffliche Männer, wenn sie etwas Anderes im Sinne haben, von dem, worum es sich handelt, abschweifen. Er habe mehr als einmal drei oder vier Argumente angewendet, auf welche jener (de Volder) niemals direct geantwortet habe, deren erstes: quod omnis realitas aggregatorum in simplicibus consistat[1]). In der That hatte er am 21. Januar desselben Jahres an de Volder geschrieben: ... primo, quae in plura dividi possunt, ex pluribus constantia seu aggregata sunt. Jam secundo, quaecunque ex pluribus aggregata sunt, ea non sunt unum nisi mente, nec habent realitatem aliam quam mutuatam seu rerum, ex quibus aggregantur. Ergo tertio quae in partes dividi possunt nullam habent realitatem nisi sint (sit?) in iis quae in partes dividi non possunt[2]). Aber diese Sätze sind Consequenzen des voraufgeschickten, dass die Monade, welche auch Substanz ist, untheibar sei. Für Leibniz ist die Monade das Fundament, von dem das Zusammengesetzte seine Realität er-

---

1) III, 756.
2) Phil. II, 261.

halten soll, während gerade umgekehrt, was Substanz sei, sich erst verstehen lässt, wenn dem Begriff der Realität die rechte Würdigung widerfahren ist.

Das Continuirliche hat Realität, insofern ihm ein Einfaches zu Grunde liegt: diesen Gedanken werden wir bei Kant wiederfinden; Leibniz aber machte den Fehler, dass er das Einfache für Substanz hielt. Es gelang ihm nicht, die Scheidung zu vollziehen zwischen Mathematik urd Dynamik: sie ist die Leistung des Kriticismus.

Zweiter Abschnitt.

Capitel I.

Die synthetischen Einheiten der Grenzmethode.

Als Kant seine „Kritik der reinen Vernunft" schrieb, da
deutete er schon durch den Titel an, was er durch dieses Werk
vor Allem erreichen wollte: die Grenzen unserer Erkenntnis
zu bestimmen, um die Anmassungen der über diese Grenzen
hinausschweifenden Vernunft zurückzuweisen. Daher begnügte
er sich bei Beantwortung der Frage: „Wie sind synthetische
Urteile a priori möglich?" einen Abriss der Erfahrungstheorie
zu geben und überliess Späteren, das kritische System bis in's
einzelne auszubauen. „Da ich mein kritisches Vorhaben," erklärt
er bei Besprechung des Causalitätsgrundsatzes, „welches lediglich
auf die Quellen der synthetischen Erkenntniss a priori geht,
nicht mit Zergliederungen bemengen will, die bloss die Erläu-
terung (nicht Erweiterung) der Begriffe angehen, so überlasse
ich die umständliche Erörterung derselben einem künftigen
System der reinen Vernunft[1]".

Die Nützlichkeit solcher in's Einzelne gehenden Arbeit hat
Kant noch ausdrücklich in einem Briefe an K. Leonhard Reinhold
anerkannt (vom 21. Sept. 1791), wo er allerdings gleichzeitig
auch die weitere Zergliederung des „Vorstellungsvermögens"
als verdienstlich hinstellt, eine Concession, die bereits bei Reinhold selbst schlimme Folgen gehabt hat. „Ich gestehe es gern,"
schreibt Kant, „und nehme mir vor, es gelegentlich öffentlich zu
gestehen, dass die aufwärts noch weiter fortgesetzte Zergliederung
des Fundaments des Wissens, sofern es in dem Vorstellungs-
vermögen als einem solchen überhaupt und dessen Auflösung

---

1) Kritik d. r. Vernunft S. 191.

besteht, ein grosses Verdienst um die Kritik der Vernunft sei, sobald mir nur das, was mir jetzt noch dunkel vorschwebt, deutlich geworden sein wird; allein ich kann doch auch nicht, wenigstens in einer vertrauten Eröffnung gegen Sie nicht bergen, dass sich durch die abwärts fortgesetzte Entwickelung der Folgen, aus den bisher zum Grunde gelegten Principien, die Richtigkeit derselben bestätigen ... lasse[1]." Wir wollen im folgenden versuchen, einen Beitrag zu liefern zum Ausbau der kritischen Philosophie nach abwärts, indem wir zeigen, dass Kant, als er „die Quellen der synthetischen Erkenntniss a priori" aufdeckte, nicht nur die gesamten damals schon vorhandenen, exacten Methoden von Mathematik und Naturwissenschaft systematisch verwerthete, sondern dass die moderne mechanische Naturauffassung, welche sich auf das von Robert Mayer zuerst in seiner Allgemeinheit erkannte Gesetz der Erhaltung der Energie gründet, ungezwungen aus den Principien der kritischen Philosophie abgeleitet werden kann. Um aber diesen Nachweis nach beiden Richtungen zu führen, ist es unerlässlich, dem Begriff der Continuität, an dessen Hand wir uns bereits in den nicht immer leicht gangbaren Pfaden der Leibnizischen Lehren zurechtzufinden suchten, auch im kritischen System einen seiner Wichtigkeit entsprechenden Platz einzuräumen. Denn dieser Begriff ist das wahre Band zwischen Mathematik und Mechanik, (sofern beide es mit Quantis zu thun haben) zwischen den mathematischen und dynamischen Kategorien und Grundsätzen. Er führt zunächst auf den Begriff der Grenze, welcher in der Entwicklung der Mathematik eine so ausserordentlich wichtige Rolle spielt, verbessert das Verständnis zweier, bisher entweder gar nicht oder nur einzeln beachteter Kategorien und leitet endlich auf einen Realitätsbegriff, der sich nicht nur bei Herstellung des Zusammenhangs zwischen den Kantischen Analogien der Erfahrung als unentbehrlich herausstellen wird, sondern auch, was dem Bewunderer Kant's eine besondere Befriedigung sein muss, sich mit der Kantischen Definition der Realität deckt, welche sich an einer ausserordentlich instructiven Stelle der Methodenlehre findet. „Alles, was da ist

---

[1] VIII, 758.

(ein Ding im Raum oder der Zeit) zu erwägen, ob und wiefern es ein Quantum ist oder nicht, dass ein Dasein in demselben oder Mangel vorgestellt werden müsse[1]," hat Kant daselbst als methodische Aufgabe des Realitätsbegriffs hingestellt.

Kant selbst hat es uns erleichtert, in das Verständnis der Continuität einzudringen, indem er sie die Qualität der Quantität oder die Qualität der Ausdehnung genannt hat. „Die Mathematik beschäftigt sich auch mit dem Unterschiede der Linien und Flächen, als Räumen von verschiedener Qualität, mit der Continuität der Ausdehnung, als einer Qualität derselben[2]". Die Bestimmung ist zunächst dunkel, zumal an zahlreichen Stellen hervorgehoben wird, dass die Qualität nur in empirischer Anschauung dargestellt werden könne. Auch glaube ich nicht, dass es durch Vergleichung Kantischer Stellen möglich sei, in das Verständnis dieser merkwürdigen, von Kant ohne weitere Begründung hingestellten Sätze einzudringen. So ergiebt sich denn die Notwendigkeit, die Begriffe der Quantität und Qualität, welche, vorläufig noch unbekannt wie? in dem der Continuität zusammenhangen sollen, einer eingehenderen Erwägung zu unterziehen.

Kant theilt die, Erfahrung constituirenden synthetischen Einheiten in zwei Gruppen, die mathematischen und die dynamischen Kategorien. Mit ersteren haben wir uns zunächst zu beschäftigen; sie zerfallen wieder in die der Quantität und diejenigen der Qualität. Jeder Art giebt es drei, und zwar sind dies: bei der Quantität

Einheit, Vielheit, Allheit

bei der Qualität

Realität, Negation, Limitation.

Die Untersuchung über die Bedeutung der einzelnen Kategorien wird nun auch hier dadurch erschwert, dass die Notwendigkeit nahetritt, aus einem so kunstvollen Organismus, wie es das Kantische System ist, einen Theil zu besprechen, ohne dass wir uns allzusehr auf das Ganze, mit dem jeder Theil doch in Zusammenhang steht, einlassen dürfen. Ganz beseitigen lässt

---

1) S. 555
2) Kr. d. r. V., S. 550.

sich diese Schwierigkeit nicht; man kann keine Philosophie treiben, ohne Kantische Terminologie zu benützen und es gilt für Kant fast in gleichem Masse, was für Luther wahr geworden ist: Selbst seine Feinde müssen in seiner Sprache reden. Wir wollen indessen, um das Verständnis so wenig wie möglich zu erschweren, die Untersuchung der Kategorien mit Hülfe der Lehre vom Schematismus erst im folgenden Capitel vornehmen und hier zunächst versuchen, durch eine transcendental-logische Deduction die Gedanken abzuleiten, welche wir für die weitere Untersuchung brauchen.

Jeder Kategorie entspricht eine Art des Urteils, oder, wie Kant es einmal ausdrückt: die Kategorien treffen in den vier Functionen aller Urteile „ihr logisches Schema"[1] an. Durch diesen grundlegenden Gedanken gelang es Kant, für die reinen Formen des Denkens, die synthetischen Einheiten, frei von aller Willkür eine Tafel aufzustellen, geordnet nach den vier Functionen der Urteile, nämlich nach Quantität, Qualität, Relation und Modalität. Indem aber Kant nunmehr daran ging, diese Classen der Kategorien weiter einzuteilen, musste sich ihm eine Schwierigkeit erheben, die aus dem eigentümlichen Verhältniss zwischen der allgemeinen und der transscendentalen Logik resultirt.

Schon in der „Kritik" hatte Kant angemerkt, dass die Dreizahl, welche sich unter jeder Kategorienklasse findet, zum Nachdenken auffordere, „da sonst alle Eintheilung a priori durch Begriffe Dichotomie sein muss[2]". Noch präciser heisst es in dem zur Rechtslehre in der zweiten Ausgabe hinzugekommenen „Anhang erläuternder Bemerkungen": „Denn die blos logische Eintheilung (die vom Inhalt der Erkenntniss — dem Object — abstrahirt), ist immer Dichotomie, z. B. ein jedes Recht ist entweder ein dingliches oder ein nicht-dingliches Recht[3]". Und diese logische Behauptung bedarf kaum eines ausdrücklichen Beweises. Denn — um nur von den Quantitäts- und Qualitätsurteilen zu reden, die uns hier allein beschäftigen —

---

1) Kr. d. r. V. S. 339.
2) S. 99.
3) VII, 111.

ich kann das Prädicat entweder mit dem ganzen Subject ver-
knüpfen, (judicium universale) oder nur mit einem Theil desselben (judicium particulare); ich kann das Prädicat dem
Subject entweder beilegen (jud. affirmativum) oder nicht beilegen
(jud. negativum). Es ist zunächst, bei der rein logischen, nur die
möglichen Arten der Verknüpfung von Begriffen ohne Rücksicht
auf objective Erfahrung constatirenden Methode nicht einzusehen,
wie ein drittes Quantitäts- oder Qualitätsurteil möglich sein soll.

Trotzdem aber fand Kant bei Wolff, der die Aristotelische
Logik in ein peinlich sauberes Gewand gebracht hat, ein drittes
Quantitätsurteil und eine dritte, sich offenbar den Qualitätsurteilen anschliessende „Proposition". Denn in § 240 seiner
Logik[1]) lehrt Wolff: Subjectum propositionis vel est genus quoddam, vel species vel individuum. Dann kommen in den folgen-
een Paragraphen die Definitionen der Quantitätsurteile: § 241.
Judicium singulare est, cujus subjectum est individuum. § 242.
Judicium universale est, cujus subjectum est notio communis,
species nempe vel genus, praedicatum autem convenit singulis
speciei individuis, vel singulis generis speciebus harumque individuis, sive absolute sive sub data determinatione. § 243. Judicium particulare est, cujus subjectum est terminus communis,
species nempe vel genus, praedicatum vero non convenit nisi
quibusdam speciei vel generis individuis.

Der Qualität nach hatte Wolff bereits im § 204 die Urteile
in affirmative und negative getheilt: Notionum conjunctio dicitur
judicium affirmativum; Notionum separatio negativum.
Aber in den §§ 208 und 209 wird eine andere Art von Sätzen[2])
eingeführt, gewissermassen ein Mittelding zwischen bejahenden

---

1) Philosophia rationalis sive Logica Methodo scientifica pertractata
et ad usum scientiarum atque vitae aptata, 1740.

2) Die Art, wie Wolff judicium von propositio (oder enunciatio)
unterscheidet, konnte Kant wol auch eine Anregung zu seinem kritischen
Beginnen bieten. § 42: Patet adeo, differre propositionem sive enuncia-
tionem a judicio. Etenim judicium est actus mentis, quo ideae, quibus
res in mente repraesentantur, vel conjunguntur, vel a se invicem sepa-
rantur: propositiones vero sive enunciationes non sunt nisi combinationes
terminorum, ideis istis respondentes, quibus earum conjunctio, vel separatio significatur.

und verneinenden, die propositio infinita. Da für Kant jedenfalls hier die Quelle desjenigen Urteils ist, welches er „unendliches" genannt hat, und da dieses Urteil wol auf dem vielumstrittensten Punkte der Logik steht, so setze ich die beiden Paragraphen vollständig hierher :

§ 208.
Fundamentum propositionis infinitae.

Si negandi particula non refertur ad copulam, sed ad praedicatum, vel subjectum; propositio negativa non est, sed aliquam ejus saltem speciem habet. Signum enim negationis est particula negandi copulae praefixa. Ubi ergo eadem ad copulam non refertur, sed vel ad praedicatum, vel ad subjectum; ibi copulae nulla particula negandi praefigitur adeoque nulla negatio significatur. Propositio itaque negativa esse nequit.

E. gr. Notam possibilitatis constituimus, quod nullam involvat contradictionem. Quamabrem si dicas: Notio trianguli aequilateri non involvit contradictionem; particula negandi ad praedicatum quidem refertur, sed non ad copulam. Etenim perinde est ac si diceres: Notio trianguli aequilateri est notio non involvens contradictionem. Propositio adeo tantum speciem mentitur negativae. Revera enim significatur, definitionem possibilis convenire notioni trianguli aequilateri, atque adeo affirmativa est propositio.

§ 209.
Definitio propositionis infinitae.

Propositio, quae speciem negativae habet, sed revera affirmativa est, infinita dicitur.

Talis est propositio paulo ante allata: Notio trianguli aequilateri non involvit contradictionem, si ita eam interpretari debemus, notio trianguli aequilateri est notio contradictionem non involvens. Caveas vero denuo, ne inter tricas scholasticas referas, quae de propositione infinita et ejus fundamento dicuntur. Etenim artis ratiocinandi regulae nec intelligi, nec dextre ubivis applicari possunt, nisi ad notionem propositionis infinitae attendas. Qui ex notione ratiocinii regulas ratiociniorum deducit, quemadmodum in sequentibus faciemus; is necessitatem notionis propositionis infinitae reipsa experietur.

Kant hat die Wolffische Eintheilung unverändert angenommen, denn er unterscheidet

Nach der Quantität:

Allgemeine, Besondere, Einzelne

Nach der Qualität:

Bejahende, Verneinende, Unendliche

Urteile; wie aber lässt sich das Princip der Dreiheit vereinigen mit der Kantischen Behauptung, dass jede logische Einteilung Dichotomie, d. h. Zweiteilung sein muss? Das einzelne und das unendliche Urteil scheinen geeignet, lebhaften Verdacht gegen ihre Legitimität im Reiche der analytischen Logik, welche nur das stricte aut-aut kennt, wachzurufen. Sehen wir, wie Kant ihnen zu ihrem Recht zu verhelfen sucht.

Als „Verwahrungen wider den besorglichen Missverstand" macht Kant zu der Tafel der Urteile folgende Anmerkungen:

„Die Logiker sagen mit Recht, dass man beim Gebrauch der Urteile in Vernunftschlüssen die einzelnen Urteile gleich den allgemeinen behandeln könne. Denn eben darum, weil sie gar keinen Umfang haben, kann das Prädicat derselben nicht blos auf einiges Dessen, was unter dem Begriffe des Subjects enthalten ist, gezogen[1]), von einigen aber ausgenommen werden. Es gilt also von jenem Begriffe ohne Ausnahme, gleich als wenn derselbe ein gemeingültiger Begriff wäre, der einen Umfang hätte, von dessen ganzer Bedeutung das Prädicat gelte. Vergleichen wir dagegen ein einzelnes Urteil mit einem gemeingültigen, blos als Erkenntniss, der Grösse nach, so verhält es[2]) sich zu diesem, wie Einheit zur Unendlichkeit, und ist also an sich selbst davon wesentlich unterschieden. Also, wenn ich ein einzelnes Urteil (judicium singulare), nicht bloss nach seiner innern Gültigkeit, sondern auch, als Erkenntniss überhaupt, nach der Grösse, die es in Vergleichung mit andern Erkenntnissen hat, schätze, so ist es allerdings von gemeingültigen Urteilen (judicia communia) unterschieden, und verdient in einer vollständigen Tafel der Momente des Denkens überhaupt (obzwar freilich nicht in der, bloss auf den Gebrauch der Urteile untereinander eingeschränkten Logik) eine besondere Stelle."

---

1) Sollte hier nicht: „bezogen" richtiger sein?
2) So hat Benno Erdmann in seiner Ausgabe der Vernunftkritik jedenfalls richtig gesetzt für: „sie", welches die andern mir bekannten Ausgaben bringen.

„Eben so müssen", fährt Kant in dem zweiten Absatz fort, „in einer transscendentalen Logik unendliche Urteile von bejahenden noch unterschieden werden, wenn sie gleich in der allgemeinen Logik jenen mit Recht beigezählt sind und kein besonderes Glied der Eintheilung ausmachen. Diese nämlich abstrahirt von allem Inhalt des Prädicats (ob es gleich verneinend ist) und sieht nur darauf, ob dasselbe dem Subject beigelegt, oder ihm entgegengesetzt werde. Jene aber betrachtet das Urteil auch nach dem Werthe oder Inhalt dieser logischen Bejahung vermittelst eines bloss verneinenden Prädicats und was diese in Ansehung des gesammten Erkenntnisses für einen Gewinn verschafft." Indem wir das nun folgende Beispiel vorläufig übergehen, setzen wir noch den Schluss des Absatzes hierher, indem wir auf die fast wörtliche Uebereinstimmung mit dem des vorhergehenden aufmerksam machen: „Diese unendlichen Urteile also in Ansehung des logischen Umfanges sind wirklich bloss beschränkend in Ansehung des Inhalts der Erkenntniss überhaupt, und in sofern müssen sie in der transscendentalen Tafel aller Momente des Denkens in den Urteilen nicht übergangen werden, weil die hierbei ausgeübte Function des Verstandes vielleicht in dem Felde seiner reinen Erkenntniss a priori wichtig sein kann."

Der Sinn dieser Ausführungen ist vollkommen klar. Für die Logik giebt es, wenn sie nicht auf die Beschaffenheit der verknüpften Begriffe Rücksicht nimmt, dem logischen Umfang nach nur allgemeine und besondere, dem Inhalt nach nur bejahende und verneinende Urteile. Trotzdem aber müssen, mit Hintansetzung des dichotomischen Princips das einzelne und das unendliche Urteil zugelassen werden, weil die Eigenartigkeit der Verknüpfung von Subject und Prädicat, welche sie bezeichnen, in dem Felde der Erkenntniss von Wichtigkeit wird. Die Zulassung der beiden Urteilsarten geschieht aus einem transscendentalen Gesichtspunkt, auf den die früheren Logiker bereits unbewusst das Auge gerichtet hatten, als sie diese Urteile aufstellten, den aber erst Kant mit voller Klarheit bei der Gliederung der Urteilstafel geltend gemacht hat.

Was aber bei so klarer Einsicht in das Verhältniss von Logik und Erkenntnisstheorie überraschen muss, ist: dass Kant trotzdem es unternommen hat, die Functionen des Denkens im einzelnen und unendlichen Urteil logisch zu exponiren; es ist erklärlich, dass seine Auseinandersetzungen, soweit sie dieses Ziel verfolgen, schwankend und unbestimmt sind. Denn wir müssten an der Sicherheit unseres Denkens verzweifeln, wenn es gelänge, E i n z e l s ä t z e, d. h. Urteile zu bilden, in welchem das Subject mit dem Prädicat der Quantität nach anders verknüpft wäre, als dass dieses entweder vom ganzen Umfang oder von einem Teile des Subjects eine Aussage machte, wenn sich Einzelsätze fänden, in denen das Prädicat dem Subject weder beigelegt noch entgegengesetzt wird. Die Bemühung, derartige Sätze zu erdenken, ist ebenso fruchtlos, wie die, ein perpetuum mobile zu erfinden, oder den Kreis in ein Quadrat zu verwandeln.

Gleich in dem ersten, von uns oben vollständig wiedergegebenen Absatz begeht Kant, bemüht, das einzelne Urteil nach seinem transscendentalen Wert zu erläutern, eine auffallende Incorrectheit. Das einzelne Urteil soll sich zum gemeingültigen, bloss als Erkenntniss, der Grösse nach, verhalten, wie Einheit zur Unendlichkeit. Nun liegt aber auf der Hand, dass in den Urteilen: »Alle Menschen sind sterblich« und »Cajus ist sterblich« die Subjecte (und um deren Grösse kann es sich doch wol nur handeln) nicht wie unendlich zu eins, sondern wenn wir nur die jetzt lebenden Menschen berücksichtigen, etwa wie 1 $\frac{1}{2}$ Milliarden zu eins sich verhalten; aber selbst wenn wir uns jenen Moment vorstellen, da, nach du Bois-Reymond's geistreichem Wort der letzte Mensch unter dem Aequator an Skorbut stirbt, so hat dann immer nur eine endliche Zahl von Menschen gelebt, da die Menschheit erst seit einer endlichen Reihe von Jahren auf der Erde lebt und nur noch eine endliche Zahl weiterleben wird. Uebrigens hätten wir uns die Argumentation erleichtern können, wenn wir das Urteil: »Alle Planeten kreisen um die Sonne« der Grösse nach mit dem andern: »Mars kreist um die Sonne« verglichen hätten. Da kann gewiss keine Rede davon sein, dass jenes zu diesem sich wie unendlich zu eins verhält.

Noch deutlicher wird dieser Fehler, wenn wir die Tafel der Urteile und die Tafel der Kategorien vergleichen. Es sollen sich entsprechen:

Allgemeines Urteil — Kategorie der Einheit
Besonderes   „   —   „   „ Vielheit
Einzelnes   „   —   „   „ Allheit

Es kann nach dieser Anordnung unmöglich Kant's Ernst gewesen sein, dass das allgemeine Urteil (Kategorie der Einheit) sich zum einzelnen Urteil (Kategorie der Allheit) verhalten solle, wie Unendlichkeit zur Einheit. Eher umgekehrt; indessen wir wollen diesen Gedanken, um uns nicht in logisches Detail zu verlieren, nicht weiter verfolgen.

Das zum unendlichen Urteil erbrachte Beispiel leidet wahrlich nicht an geringeren Schwierigkeiten. Der Satz: »Die Seele ist nicht sterblich« (verneinte Copula) sei ein verneinendes, »die Seele ist nicht-sterblich» (verneintes Prädicat) ein unendliches Urteil. Denn ich habe »durch den Satz: die Seele ist nicht-sterblich, zwar der logischen Form nach wirklich bejahet, indem ich die Seele in den unbeschränkten Umfang der nicht-sterbenden Wesen setze. Weil nun von dem ganzen Umfange möglicher Wesen das Sterbliche einen Theil enthält, das Nicht-sterbliche aber den andern, so ist durch meinen Satz nichts Anderes gesagt, als dass die Seele eines von der unendlichen Menge Dinge sei, die übrig bleiben, wenn ich das Sterbliche insgesammt wegnehme. Dadurch aber wird nur die unendliche Sphäre alles Möglichen in so weit beschränkt, dass das Sterbliche davon abgetrennt und in den übrigen Raum ihres Umfangs die Seele gesetzt wird. Dieser Raum bleibt aber bei dieser Ausnahme noch immer unendlich, und können noch mehrere Teile desselben weggenommen werden, ohne dass darum der Begriff von der Seele im Mindesten wächst und bejahend bestimmt wird.«

Ich muss gestehen, dass es mir trotz aller Bemühung nicht gelingen will, in den Sinn dieser Beweisführung einzudringen. Mir scheint vielmehr, dass wenn es gelänge, die Unsterblichkeit der Seele zu beweisen, ein so affirmatives Urteil wie nur irgend eins im Gebiete des Wissens erstehen würde. Dass der Begriff der Seele durch das Merkmal der Unsterblichkeit noch nicht völlig bestimmt wäre, ist klar; aber wenn wir nur das Eine von der Seele wüssten, so würde ihr Begriff bald wissenschaftlich präcisirt sein. Der Satz: »Die Seele ist nicht-sterblich« wäre, wenn wir irgend ein Recht hätten, ihn auszusprechen, ein eminent bejahendes Urteil und die Philosophie würde in den Augen gar Vieler bedeutend an Wert gewinnen, wenn sie ihnen die Ewigkeit ihrer Seele demonstriren könnte. Was allerdings meistens ein sehr zweifelhaftes Verdienst sein würde.

So ergiebt sich denn als Resultat, was vorauszusehen war: dass Kant bei dem Versuch, die gedanklichen Functionen des einzelnen und des unendlichen Urteils an Einzelsätzen zu exponiren und zu illustriren, gescheitert ist. Logisch unterscheidet sich das einzelne Urteil nicht vom allgemeinen, und das unendliche nicht vom bejahenden. Und doch kann der Begriff der Continuität, als Qualität der Quantität, wenn anders er schon auf der Stufe der Logik vorbereitet werden soll, nur in solchen Sätzen vorgebildet liegen, welche sich in die Form des einzelnen und des bejahten Urteils mit negativem Prädicat kleiden. So scheint es denn, dass wir etwas unternommen haben, was schlechterdings unausführbar ist, es scheint, dass wir doch wol sofort mit dem ganzen terminologischen Apparat des Kriticismus an die Kategorien herantreten müssen, um die methodische Bedeutung der beiden, mehrfach genannten Urteilsarten und damit der Continuität zu begreifen. Indessen so leicht geben wir den Versuch, der Continuität schon in der Logik zu ihrem Recht zu verhelfen, nicht auf; wir lassen uns nur durch die Beziehung zwischen Urteils- und Kategorientafel einen Fingerzeig geben, durch die Correspondenz nämlich des unendlichen Urteils mit der Kategorie der Limitation den Hinweis auf den Begriff: limes.

Wie sollen wir limes übersetzen? Mit Grenze oder Schranke? Das ist die Frage, welche mit fördernder Zudringlichkeit an uns herantritt. Ist die Function des wissenschaftlichen Denkens, welchem das limitirende Urteil Heimat sein soll, Einschränkung oder Begrenzung? Dass beide Ausdrücke nicht dasselbe bedeuten, hat schon Descartes erkannt, der die Scheidung mit grosser

Schärfe vornimmt, wenn auch die Hereinziehung der Gottesidee den Gedanken nicht zur vollen Klarheit kommen lässt.
Er schreibt am 6. Juni 1647 an Chanut: »Ich erinnere
mich, dass der Cardinal de Cusa und mehrere andere Ge-
lehrte die Welt als »infini« angenommen haben, ohne dass
sie deshalb jemals von der Kirche wären getadelt worden;
im Gegentheil, man glaubt, es heisse Gott ehren, wenn man
seine Werke sehr gross macht; meine Ansicht ist weniger schwer
zu begreifen, als die ihre, weil ich nicht sage, dass die Welt
»infini« sondern nur, dass sie »indéfini« sei. Darin liegt ein
recht bemerkenswerter Unterschied: denn um zu sagen, dass
eine Sache »infini« sei, m u s s m a n e i n e n G r u n d h a b e n,
w e l c h e r s i e a l s s o l c h e e r k e n n e n l ä s s t (on doit avoir
quelque raison qui la fasse connoître telle), was man nur von
Gott allein haben kann; um aber zu sagen, dass sie »indéfini«
sei, genügt es, k e i n e n G r u n d z u h a b e n, d u r c h w e l c h e n
m a n b e w e i s e n k ö n n t e, d a s s sie S c h r a n k e n h a b e
(qu' elle ait des bornes). So scheint es mir, dass man nicht
beweisen oder selbst nur begreifen könne, dass es Schranken
(bornes) der Materie gebe, aus welcher die Welt zusammengesetzt
ist. Denn indem ich die Natur dieser Materie prüfe, finde ich,
dass sie nur darin besteht, dass sie Ausdehnung in Länge, Breite
und Tiefe hat, derart, dass Alles was diese drei Dimensionen
hat, ein Teil dieser Materie ist, und es kann keinen ganz
leeren Raum geben, d. h. einen solchen, der keine Materie
enthielte, weil wir einen Raum ohne diese drei Dimensionen
und folglich ohne Materie nicht begreifen können. Wenn man
daher die Welt als endlich annimmt, stellt man sich jenseits
ihrer Schranken einige Räume vor, welche ihre drei Dimensionen
haben und welche also nicht rein imaginär sind, wie die Philosophen sie nennen, sondern die in sich Materie enthalten; die,
da sie sonst nicht als in der Welt sein kann, beweist, dass die
Welt sich jenseits der Schranken ausdehnt, welche man ihr hat
zuerteilen wollen. Da ich also k e i n e n G r u n d habe, um zu beweisen, ja nicht einmal begreifen kann, dass die Welt Schranken
hat, nenne ich sie »indéfini«; aber ich kann deshalb nicht in Abrede stellen, dass es deren vielleicht etwelche gebe, welche von

Gott gekannt werden, obgleich sie mir unbegreiflich sind; deshalb sage ich nicht absolut, dass die Welt infini sei[1])«.

In gedrängterer Form spricht Descartes denselben Gedanken in der Antwort auf die Einwendungen, welche ihm Morus gemacht hatte, aus: . . . deshalb sage ich, dass die Welt indéterminé oder indéfini sei, weil ich keine Schranken derselben kenne, aber ich würde nicht wagen zu behaupten, sie sei infini, weil ich begreife, dass Gott grösser ist als die Welt[2]) . . .

Aus der negativen Thatsache also, dass für unsere Imagination die Welt schrankenlos (indéfini, indéterminé) ist, (weil, sobald wir Schranken annehmen, wir ausserhalb derselben wieder Raum, folglich — nach Descartes wenigstens — Materie vorstellen müssten, die Welt also zu klein angenommen hätten) folgt noch nicht positiv, dass die Welt unbegrenzt (infini) ist; Gott kennt vielleicht ihre Grenzen. Und — wenn es deren giebt, so kann allein Gott, welcher unendlich ist (eine Qualität, die, wie Descartes einschärft, mit der Ausdehnung nichts zu thun hat) der in der ersten citirten Stelle verlangte Grund (raison) sein, den wir haben müssen, um eine Sache als infini zu erkennen. Die Schrankenlosigkeit von Raum und Materie in unserer Imagination, die Möglichkeit, dass es nichts destoweniger Grenzen gebe — das ist der scheinbare Gegensatz, den Descartes durch die Berufung auf Gott zu schlichten sucht; hier aber ist Gott nicht der Deus ex machina, der, wie so oft in der Geschichte der Philosopheme aushelfen muss, wo der Menschenwitz zu Ende ist; es ist die Ahnung von der constituirenden Bedeutung des Unendlichen, die hier zur Gottesidee treibt.

Die »Kritik der reinen Vernunft«, löst im Ausbau des Systems auch diejenige Schwierigkeit mit kritischer Schärfe,

---

1) Oeuvres, X, 46 u. 47.

2) X, 240. Man vergleiche auch die von Eucken (Geschichte der philosophischen Terminologie) angezogene, sehr instructive Stelle aus Ep. I.,119 (Oeuvres, X, 341): Atque observandum est me nunquam adhibere vocem infiniti ad significandum tantummodo aliquid terminis carens, quod utique negativum est, quodque indefinitum appello, sed ad significandum reale quid incomparabiliter majus terminato quovis.

gegen welche Descartes in den angeführten Stellen kämpft. In dem Capitel der Methodenlehre, welches überschrieben ist: »Von der Unmöglichkeit einer skeptischen Befriedigung der mit sich selbst veruneinigten reinen Vernunft« kommt Kant mehrmals auf den wichtigen Unterschied zwischen Grenze und Schranke zu sprechen. Nur auf kritischem Wege, wird gleich'im Anfang ausgeführt, lässt sich nachweisen, ob meine Unwissenheit nothwendig sei oder nicht. »Also kann die Grenzbestimmung unserer Vernunft nur nach Gründen a priori geschehen, die Einschränkung derselben aber, welche eine, obgleich nur unbestimmte Erkenntniss einer nie völlig zu hebenden Unwissenheit ist, kann auch a posteriori, durch das, was uns bei allem Wissen immer noch zu wissen übrig bleibt, erkannt werden. Jene durch Kritik der Vernunft selbst allein mögliche Erkenntniss seiner Unwissenheit ist also Wissenschaft, diese ist nichts als Wahrnehmung, (beide Worte sind von Kant selbst unterstrichen) von der man nicht sagen kann, wie weit der Schluss aus selbiger reichen möge.«

Dann kommt ein trefflich gewähltes Beispiel: Wenn mich die Erfahrung lehrt, dass, wohin ich auch auf der Erde komme, immer wieder ein Raum um mich ist, dahin ich weiter gehen könnte, so erkenne ich empirisch die Schranken meiner jedesmal wirklichen Erdkunde; wenn aber die physische Erdbeschreibung lehrt, dass die Erde eine Kugel von gewisser Oberfläche ist, so wird zwar meine empirische Länderkunde dadurch nicht vermehrt, aber ich weiss jetzt bestimmt und nach Principien a priori wie weit sich mein Wissen überhaupt erstrecken kann, ich kenne seine Grenzen.

Etwas später werden die von Kant öfter abgegrenzten drei Stadien in der Entwicklung der Philosophie angeführt: der Dogmatismus, der Skepticismus und der Kriticismus. In Bezug auf das letzte Stadium heisst es: »Nun ist aber noch ein dritter Schritt nöthig, . . . nämlich nicht die Facta der Vernunft, sondern die Vernunft selbst, nach ihrem ganzen Vermögen und Tauglichkeit zu reinen Erkenntnissen a priori der Schätzung zu unterwerfen, welches nicht die Censur, sondern Kritik der Ver-

nunft ist, wodurch nicht bloss S c h r a n k e n, sondern die bestimmten G r e n z e n ... bewiesen wird (werden).

Aus den hier angeführten Sätzen, die sich aus zahlreichen
anderen Stellen leicht vermehren liessen, geht hervor, wie die Unterscheidung des Unbeschränkten (indéterminé, indéfini) vom Unbe-
grenzten, Unendlichen (infini), die sich bereits bei Descartes, wenn auch
noch in dogmatischem Gewande findet, bei Kant zu voller ter-
minologischer Klarheit gelangt ist[1]). Die Schranke ist empirisch;
aus der fortwährenden Zunahme unserer Erkenntniss in allen
Wissenschaften darf ich z. B. empirisch schliessen, dass unser
Wissen unbeschränkt sei, und dass nie eine Zeit kommen werde,
in der sich keine neuen Beobachtungen und Experimente machen
und neue Hypothesen aufstellen lassen sollten; würde ich aber
den Schluss wagen, dass unser Wissen unbegrenzt sei, so hiesse
das in denselben Fehler verfallen, den schon Descartes durch
seine Unterscheidung des indéterminé vom infini verhüten wollte.
Denn die Schranke ist nur negativ; weil bisher die Fülle der
Wahrnehmungen sich fortwährend vermehrte, die Verknüpfung
derselben eine immer exactere geworden ist, darf ich wol
schliessen, dass dieser Fortschritt nicht aufhören werde; sobald
ich aber die Unbegrenztheit unseres Wissens statuire, nehme
ich die Position, die Setzung einer Sache vor und dazu »on
doit avoir quelque raison, qui la fasse connoître telle«; wir
wissen seit Kant, dass unsere Erkenntniss Grenzen hat, weil
die Formen des Denkens durch ihre Schemata restringirt sind.

Es kann also etwas unbeschränkt und zugleich begrenzt
sein; der Gegensatz ist nur ein scheinbarer, weil die Schranke
einer andern Erkenntnissrücksicht angehört als die Grenze.
Die Unbeschränktheit bedeutet den durch nichts aufgehaltenen
Fortgang in der Zeit (und abgeleiteterweise im Raum), sie bezieht sich mithin auf das phänomenon, die zeitlich-räumlich ausgedehnte Erscheinung. Die Grenze dagegen, als eine Setzung,

---

1) Dagegen hält Mellin's »encyclopädisches Wörterbuch der kritischen Philosophie« Schranke und Grenze nicht scharf auseinander. So
heisst es beim Artikel »Continuität«: »Punkte, Augenblicke und Zustände
sind nur Grenzen, d. i. blosse Stellen ihrer Einschränkung.« (I, 841).

die zu ihrer Möglichkeit eines Grundes bedarf, kann der unbestimmten Erscheinung nicht entspringen; sie muss noumenon, eine Denkform sein.

Schon in dem gewöhnlichen Sprachgebrauch liegt es angedeutet, wie in einer auch terminologisch genauen Philosophie die Unterscheidung von Grenze und Schranke vorzunehmen ist. Der Ausdruck »Schranke« bedeutet eine vorübergehende, mehr zufällige Abschliessung, bedeutet ein Verbot, das zurückgenommen wird, sobald der Anlass nicht mehr vorhanden ist, der dazu führte, es auszusprechen. Die Grenze dagegen verbietet nicht, sondern sie gebietet: hier beginnt anderes Land, als das, durch welches du bisher gekommen bist; sie behält auch wenn sie überschritten ist, ihre Bedeutung, weil sie anzeigt, dass in dem nunmehr betretenen Lande andere Sitten, andere Gesetze herrschen. Die Grenze ist mithin etwas Positives; sie vollzieht die Scheidung verschiedener Gebiete, die trotz der Grenze in enger Beziehung stehen können und gerade wegen der Grenze erst recht in ihrer Individualität deutlich werden; die Schranke wird aufgezogen oder eingerissen, sobald sie ihre Schuldigkeit vorübergehender Absperrung gethan hat.

Ueber der Verschiedenheit aber darf der Zusammenhang der beiden Begriffe nicht übersehen werden. Damit Bedürfnis und Notwendigkeit der Grenze entstehe, muss die Schranke zuerst weiter und weiter gerückt sein. Die drei von Kant in der Entwickelung der Metaphysik unterschiedenen Stadien erläutern trefflich diesen Zusammenhang. Zunächst Dogmatismus; der menschliche Geist hat denken gelernt, Begriffe gebildet und erprobt nun seine Kraft an immer höheren Dingen; Gott, Freiheit und Unsterblichkeit scheinen ihm die erhabensten Objecte der Erforschung, an ihrer Ergründung erproben sich die besten Köpfe; schrankenlos schweift der Gedanke durch die Himmel. Dann folgt die Ernüchterung: der Skepticismus zweifelt an der Brauchbarkeit der Begriffe; während vorher Alles zu gewinnen schien, scheint jetzt der schöne Traum in Nichts zu zerfliessen. Erst das dritte Stadium, der Kriticismus steckt die Grenzen ab, bis zu welcher Erfahrung reicht; jene Dreiheit, die einst das letzte Ziel auch der Naturforschung zu sein schien, verweist er in das Land jenseit der Grenze, das Land der Ideen.

Aber auch an systematischen Beispielen für den intimen Zusammenhang zwischen Schranke und Grenze ist kein Mangel; sie sind so zahlreich, wie — die Bestimmungen nach der Grenzmethode.

Man kann auf zwei Arten zur Grenze gelangen; indem man einen gewissen Wert gleich unendlich, oder indem man einen Wert gleich Null setzt. Zu beiden Fällen wird ein möglichst einfaches Beispiel gegeben werden; doch sei vorher zur Schärfung des logischen Interesses die Vermuthung nahegelegt: ob nicht diejenige Methode, bei welcher zur Grenze übergegangen wird kraft eines »unendlich« werdenden Werts im sogenannten »einzelnen« Urteile, die andere Methode im unendlichen Urteil die formale Einheit vorgezeichnet habe.

Es wird uns nach den eingangs dieses Capitels angestellten Betrachtungen wol nicht mehr als methodische Schwäche angerechnet werden, wenn wir uns vorläufig mit dieser Vermuthung begnügen, anstatt durch eine logisch-mathematische Deduction nachzuweisen, dass diese beiden, gegen das unanfechtbare Princip der Dichotomie in die Logik seit altersher eingeführten Urteile die Grenzmethode der Mathematiker vorbereiten. Wir sahen, wie Kant sich in Widersprüche und Unklarheiten verwirrte, als er es unternahm, den methodischen Werth des einzelnen und des unendlichen Urteils darzulegen und ihre Aufstellung aus logischen Rücksichten zu rechtfertigen. Was aber einem so subtilen und geschulten Logiker wie Kant missglückte, das werden wir uns hüten von Neuem in derselben Weise in Angriff zu nehmen. Erst im folgenden Capitel, wo wir auf Kant fussend die reinen synthetischen Einheiten der Quantität und Qualität in der Zeitanschauung schematisiren werden, kann mit grösserer Sicherheit gezeigt werden, dass die Kategorie der Allheit, deren Stelle in der Urteilstafel das einzelne Urteil einnimmt, das a priori der Grenzbestimmung mittelst eines Unendlichwertes, die Kategorie der Limitation, deren Methode durch das unendliche Urteil vorbereitet wird, das a priori der Grenzbestimmung mittelst eines Nullwertes ist. Möge dann immerhin Einspruch dagegen erhoben werden, dass das einzelne Urteil dieselbe Einheit darstelle, wie die Allheitskategorie oder das unendliche

Urteil ein Recht habe, sich für den Statthalter der Limitation auszugeben: vom Standpunkt der Erfahrungstheorie kann diesem Streit mit Ruhe zugesehen werden. Wenn nur eingeräumt wird, dass die Grenze a priori die mathematische Erfahrung im eminenten Sinne constituire, so möge die Logik zusehen ne quid detrimenti capiat, ˮdass man ihr nicht den Gewinn entreisse, welchen ihr die Verbindung mit der Erkenntnisstheorie eingetragen hat.

Das erste Beispiel zur Grenzmethode entnehme ich der Rentenrechnung. Es sei n Jahre lang (n zunächst eine endliche Zahl) am Ende jedes Jahres eine Rente im Betrage a fällig, so ist ihr gegenwärtiger Wert, wenn ϱ der Discontirungsfactor

$$R = a\varrho + a\varrho^2 + \ldots \ldots a\varrho^n$$

oder, indem wir die bekannte Summenformel für die geometrishe Reihe benutzen

$$R = a\varrho \frac{1-\varrho^n}{1-\varrho}$$

Um nun den gegenwärtigen Wert der sogenannten »ewigen« Rente zu erhalten, d. h. einer Rente, welche bis in die Ewigkeit am Ende jedes Jahres im Betrage a fällig ist, müssen wir bilden

$$R_\infty = \lim \left[a\varrho \frac{1-\varrho^n}{1-\varrho} \right] n = \infty$$

Da $\varrho < 1$, so ist $\varrho^\infty = 0$ und wir haben

$$R_\infty = \frac{a\varrho}{1-\varrho}$$

Führen wir den Aufzinsungsfactor $r = \frac{1}{\varrho}$ ein, so wird

$$R_\infty = \frac{a}{r-1}$$

und man erkennt das Resultat, welches vorherzusehen war: der Wert der ewigen Rente ist gleich dem Capital, dessen jährliche Zinsen a sind.

Es sei zweitens, der Inhalt eines Dreiecks von der Grundlinie a und der Höhe h mittelst Zerschneidung in unendlich schmale, der Grundlinie a parallel laufende Streifen zu finden. Jeder dieser Streifen ist ein Trapez; indessen lehrt die

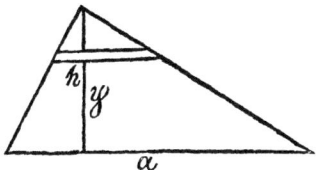

Grenzmethode, dass beim Uebergang zur Grenze, wenn der Streifen
»unendlich« schmal wird, sein Inhalt gleich dem Product aus einer
der Parallelseiten in die Höhe des
Trapezes sei. Ist nun der Abstand
eines Streifens von der Grundlinie y, seine Höhe mithin dy so
findet man durch eine einfache Proportion die Grenze seines
Inhalts gleich

$$a \frac{h-y}{h} dy$$

und die omnes lineae, d. h. die Summe der unendlich zahlreichen
Streifen nach Leibnizens Bezeichnungsweise gleich

$$\int_0^h \frac{a(h-y)\,dy}{h} = \frac{a}{h} \int_0^h (h-y)\,dy$$

woraus

$$\triangle = ah - \frac{ah}{2} = \frac{ah}{2}$$

In Bezug auf diese beiden Beispiele sind folgende Bemerkungen am Platz.

Im ersten nähert sich die Anzahl der Jahre unbeschränkt[1])
der Unendlichkeit, im zweiten die Höhe des Elementarstreifens
unbeschränkt der Null. Empirisch können wir nun niemals die
Schranken so weit fortschieben, dass durch fortwährende Ver-
grösserung von n die Unendlichkeit, durch fortwährende Ver-
kleinerung der Höhe die Null erreicht werde; denn es ist keine
Zahl so gross, dass nicht noch eine grössere Zahl, kein Raum
so klein, dass nicht noch ein kleinerer Raum vorgestellt werden
könnte. Trotz dieser empirischen Unmöglichkeit aber erhalten
wir in beiden Fällen durch die Grenzmethode g e n a u dieselben
Resultate, die auf anderem Wege, ohne jede unmittelbare Her-
anziehung der Unendlichkeit erzielt werden. Denn im ersten

---

1) So muss man wol sagen und nicht, wie üblich »unbegrenzt«, da
es keinen Sinn hat, einen Wert sich unbegrenzt der Grenze nähern zu
lassen.

Fall ist der durch Grenzbetrachtung erhaltene baare Wert der
ewigen Rente genau gleich dem Capital, dessen jährliche Zinsen
dem Rentenwert entsprechen, im zweiten ergiebt sich, was auch
die Euklidische Geometrie zeigt, dass das Dreieck die Hälfte
eines Parallelogramms von gleicher Grundlinie und Höhe ist. Wir
wagen deshalb die Folgerung: Empirisch ist nur das Hinaus-
schieben der Schranke, die Grenze selbst ist a priori.

A priori heissen diejenigen Denkfunctionen, welche die wissenschaftliche Erfahrung möglich machen; a priori sind daher die
endlichenZahlen, alsRepräsentanten von Quantitätsbegriffen. Es verlangt ihr a priori aber auch die Grenze, welcher wir uns unbeschränkt
nähern sollen, das eine Mal mit einer unendlich gross werdenden
Zahl, das andere Mal mit einer verschwindenden Strecke. Es
liesse sich sonst nicht begreifen, wie der Uebergang zur Grenze
so wenig empirisch sein kann, dass absolut genaue, anderweitig
controlirbare Resultate entstehen. Würden wir die Anzahl der
Jahre im ersten Beispiel selbst gleich einer Million annehmen,
es liesse sich genau der Unterschied angeben, welcher zwischen
dem discontirten Wert der millionenjährigen Rente und dem
Capital besteht, dessen jährliche Zinsen gleich der Rente sind.
Die Grenzmethode ist somit nicht etwa eine Rechnung mit sehr
kleinen Fehlern, sondern eine durchaus genaue Methode, wie es
die Rechnung mit endlichen Zahlen ist; jene bedarf daher ebenso
wie die letztere ihres a priori.

Hier ist nun auch wol der Ort, etwas ausführlicher der Beispiele zu gedenken, durch welche Leibniz sein Gesetz der Continuität zu illustriren suchte; es sind in der Mehrzahl Beispiele
zur Grenzmethode, sie beweisen ebenfalls die Nothwendigkeit,
die Grenzen im Continuum von der fortgesetzten Einschränkung
und der fortgesetzten Hinausrückung der Schranke zu unterscheiden.

Am zahlreichsten finden sich dieser Beispiele in der bereits
citirten, von Gerhardt aus den Manuscripten herausgegebenen
Abhandlung: Principium quoddam generale etc.[1]): Durch Central-

---

1) Math. Schriften VI, 129 ff.

projection (per umbram) oder Parallelprojection eines Kreises
entstehen Kegelschnitte, durch die einer geraden Linie wieder
gerade Linien. Wenn also an einen Kreis eine Secante gezogen und diese allmälig in die Tangente übergeführt wird, so
geht ¡in dem durch Projection entstandenen Kegelschnitt ebenfalls die Secante in die Tangente über. Dieses wichtige Kegel-
schnitt-Theorem ergebe sich ohne Umschweife und ohne Auf-
wand von Figuren allgemein facili mentis intuitu; ein bezeich-
nender Ausdruck, welcher zeigt, dass Leibniz den Uebergang
zur Grenze nicht der sinnlichen Anschauung zuzumuthen wagt.
Uebrigens ist das Beispiel unnötig complicirt; der Uebergang
zum Limes der Tangente würde sich ebenso gut an einem einzelnen Kegelschnitt demonstriren lassen; offenbar wollte
Leibniz ein Beispiel geben zu der verschwommenen Textirung
des Continuitätsgesetzes, welche wir schon im ersten Capitel des
vorigen Abschnitts zurückweisen mussten.

Ein zweites Beispiel bietet der Uebergang der Ellipse in die
Parabel. Lassen wir den einen Brennpunkt sich mehr und
mehr entfernen, so werden die von diesem kommenden Radien
vectoren mehr und mehr der Axe parallel werden; beim Uebergang zur Grenze entsteht die Parabel; kraft des Continuitäts-
Princips werden daher, wie Leibniz bemerkt, alle geometrischen
Theoreme über die Ellipse auf die Parabel angewendet werden
können. Wir verstehen jetzt, was das Gesetz der Continuität
fordert: die Gesetze des Endlichen bleiben bestehen, wenn wir
zur Grenze, zum unendlich kleinen oder grossen übergehen und
umgekehrt: es muss möglich sein, aus den richtig aufgestellten
Gesetzen des Unendlichen die des Endlichen zu ermitteln. Das
hat Leibniz offenbar im Auge, wenn er in jenem tiefsinnigen
Briefe an Varignon schreibt: .. il se trouve, que les regles
du fini reussissent dans l'infini, comme s'il y avoit des
atomes (c'est à dire des elemens assignables de la nature),
quoyqu' il n'y en ait point, la matiere estant actuellement sous-
divisée sans fin; et que vice versa les regles de l'infini
reussissent dans le fini, comme s'il y avoit des infiniment
petits metaphysiques, quoyqu' on n'en ait point besoin ... [1]

---

1) Math. Schriften IV, 93 und 94.

Dass Leibniz aus dem Gebiet der Mechanik als Beispiel zum Continuitätsgesetz mit Vorliebe die mögliche Auffassung der Ruhe als Specialfall der Bewegung aufführt, haben wir bereits erwähnt. In der That, hätte die Grenze nicht ihr a priori, so wäre es nicht zu verstehen, dass das sogenannte Princip der virtuellen Geschwindigkeiten oder Verschiebungen, auf welches Lagrange die gesammte Statik gründet, welches aber, wie Helmholtz bewiesen, ein Specialfall des Gesetzes von der Erhaltung der Energie ist[1]), exacte Resultate liefert. Die Ruhe ist der Grenzfall der Bewegung; darin besteht ihre positive Definition, auf Grund deren ihre Gesetze zu ermitteln sind.

Mit derjenigen Sicherheit, welche aus Beispielen überhaupt resultiren kann, geht aus den hier beigebrachten hervor: dass die Grenzmethode eine streng wissenschaftliche Methode, im eminenten Sinne positiv, d. h. setzend ist und mithin ihr a priori, d. h. ihre Denkformen braucht. Da nun jedes a priori nach der Entdeckung des Kriticismus in einer Urteilsart vorgebildet liegt, so muss der Uebergang zur Grenze, da er auf zwei Arten geschehen kann, in zwei Urteilsarten präformirt sein. Weil aber der Begriff der Grenze sich erst deutlich machen lässt und methodischen Wert bekommt, wenn ein zeitliches oder räumliches Stetiges zu Grunde gelegt wird, in welchem durch Einschränkung oder Hinausrückung der Schranken zur Grenze übergegangen wird, so lassen sich die Urteile der Grenzmethode, wie wir nunmehr das einzelne und das unendliche Urteil vielleicht nennen dürfen, auf der Stufe der Logik wol abgrenzen aber nicht exponiren oder durch Beispiele illustriren. Denn die formale Logik hat es nur mit Begriffen, ihrem Inhalt und Umfang zu thun; sie lehrt wol, dass der Inhalt zunehme bei abnehmenden Umfang und umgekehrt; indessen ist es, ohne ein Continuum zu Grunde zu legen, nicht möglich, einzusehen, was es heissen solle: der Umfang solle Null werden, ohne dass der Inhalt verschwindet, oder der Umfang solle in's Unendliche

---

1) Helmholtz, Wissenschaftliche Abhandlungen: »Ueber die Erhaltung der Kraft« (1847) S. 25. Ruhe findet dann statt, wenn im ersten Augenblick der möglichen Bewegung keine Spannkraft verbraucht wird.

wachsen ohne eine Spur von Inhalt zu bekommen. Man wird vergeblich nach Beispielen suchen, in denen eine solche Isolirung rein logisch ausgebildet ist und das Kantische Beispiel: die Seele ist nicht sterblich scheint mir ebensowenig über die Schwierigkeit hinwegzuhelfen, wie die mindestens ebenso verfehlte Berufung auf die Imponderabilien. Nachdem wir aber, das Ergebnis des folgenden Capitels einigermassen antecipirend, zunächst aus Beispielen geschlossen, dass die Grenze ihr a priori braucht, weil sie eine exacte wissenschaftliche Methode darstellt, die wahrlich nicht geringeren Wert hat, als die Rechnung mit endlichen Zahlen, können wir weiter schliessen: Wie jedes a priori eine Urteilsart hat, in welcher seine formale Einheit ruht, so müssen wir auch für die beiden a priori der Grenzmethode Urteile aufstellen, welche schon auf der Stufe der formalen Logik den Blick richten lehren auf Einheiten, die erst in Rücksicht auf mögliche Erfahrung ihre volle Bedeutung gewinnen. Wir müssen also versuchen, so sehr auch jede Bemühung, durch Beispiele dem Verständnis näher zu kommen, erlahmen muss, uns schon in der formalen Logik einen Umfang zn denken, der so in's Unendliche wächst, dass er allen Inhalt verliert und entsprechend einen Inhalt, in dem sich die Merkmale dergestalt häufen, dass der Umfang verschwindet. Wir müssen lernen, nicht gleich an fertige Begriffe zu denken, die unweigerlich, und würden sie noch so subtil genommen, Inhalt und Umfang haben müssen, sondern im Zusammen die constituirenden Einheiten auseinanderzuhalten. Der Fortschritt der Mathematik ist solcher logischen Selbstkasteiung zu verdanken; wer nicht lernt, sich von der Schürze der Mutter alles Wissens, der Wahrnehmung, loszumachen, zu denken ohne anzuschauen und doch, um wissenschaftlich anzuschauen, der wird nie in das Mysterium der Infinitesimal-Methode eindringen, auch wenn er ihr ein Königreich schenkte.

Die Logik ist die Scheidekunst des Geistes. Der Chemiker, der Synthesen machen und damit die Aufgabe der Chemie erfüllen will, muss lernen, zuerst zu analysiren, damit sein Blick sich schärfe, damit er lerne, einen Vorgang in seine Teilvorgänge zu zerlegen. So ist die scholastische Logik, trotz aller Auswüchse, die vertilgt werden mussten, die Vorstufe des synthetischen Verfahrens in Mathematik und Naturwissenschaft gewesen. Das Mittelalter glaubte in den analytischen Urteilen die Aufgabe des Denkens erfüllt, wer am spitzfindigsten definiren und distingiren konnte, war der beste Philosoph. Die Wissenschaft hob an, als es gelang, durch synthetische Urteile den Begriff des Subjects zu füllen und Kant hat in seiner Cardinalfrage: »Wie sind synthetische Urteile a priori möglich?« den Uebergang der Scholastik des Mittelalters zur synthetischen Wissenschaft der Neuzeit kritisch wiederholt.

Ist aber Logik durch Mathematik nicht überflüssig geworden? So wenig, als der Chemiker, ohne Analytiker gewesen zu sein, Synthetiker werden kann. Es würde für die Mathematik nicht mehr les étranges difficultés de la composition du continu geben, wenn die Logik immer denjenigen Rang eingenommen hätte und einnähme, welcher ihr zukommt. Man muss die Scheidung von Quantität und Qualität, Umfang und Inhalt logisch begriffen haben, um in das Princip der Infinitesimalmethode eindringen zu können.

Capitel II.
Die Schemata der Quantitäts- und Qualitäts-Begriffe.

Das Capitel der Vernunftkritik, welches überschrieben ist: »Von dem Schematismus der reinen Verstandsbegriffe« gilt als dunkel und in mancher Beziehung wol nicht ganz mit Unrecht. Denn wenn auch der Grundgedanke desselben von einem das ganze System überblickenden Standpunkt nicht zweifelhaft sein kann, so sind doch einzelne Abschnitte, und speciell gilt das für die Schematisirung der Qualitätskategorien, so schwankend stilisirt, dass ich nicht recht begreife, wie es z. B. Cohen auch in der zweiten Auflage von »Kant's Theorie der Erfahrung« für unnöthig finden konnte, auf die Einzelschemata einzugehen. Es giebt, wie mir scheint, kein anderes Mittel, das Gewicht und die Tragkraft der einzelnen Kategorien festzustellen, als ihre Schematisirung.

Jede Kategorie stellt eine synthetische Methode vor, die in der entsprechenden Urteilsart vorgebildet ist, ohne dass jedes Urteil schon in der formalen Logik, bei deren eingeschränkteren Mitteln, zur vollen Deutlichkeit kommen kann. Das Feld aber, auf welches diese Methoden beschränkt sind, ist das zeitliche Continuum, weil, was Erfahrung werden will, in reiner Anschauung, d. h. nicht immer räumlich, sicherlich aber in der Zeitanschauung construirt werden muss. Das allgemein formulirte Resultat der Construction spricht der synthetische Grundsatz aus, die Bedeutung des Schema's aber lässt sich in solcher Kürze vorläufig nicht angeben. Auch wir wollen nach Kant's Beispiel, ohne uns, »bei einer trockenen und langweiligen Zergliederung dessen, was zu transscendentalen Schematen reiner Verstandesbegriffe überhaupt erfordert wird, aufzuhalten«, sofort zur Einzeldarstellung übergehen.

Das Schema der Quantität ist der blosse Fortgang von
einem zum andern in der Zeit, d. h. die Zahl. Wenn ich fünf
Punkte mache, um die Zahl fünf vorzustellen, so habe ich ein
Bild der Zahl entworfen und mit diesem Bilde operire ich, wenn
ich mit der Zahl fünf rechnen will. »Dagegen, wenn ich eine
Zahl überhaupt nur denke, die nun fünf oder hundert sein
kann, so ist dieses Denken mehr die Vorstellung einer Methode,
einem gewissen Begriffe gemäss eine Menge (z. E. tausend) in
einem Bilde vorzustellen, als dieses Bild selbst, welches ich im
letzteren Falle schwerlich würde übersehen und mit dem Begriffe
vergleichen können.«

Der Mathematiker kann nach diesen Worten nicht zweifelhaft sein, wie er sich das Schema der Zahl, »die nun fünf oder
hundert sein kann«, denken soll. Punkte müssen immer in gewisser Zahl gegeben sein; diese Bilder sind daher als Schema
nicht zu gebrauchen. Aber es rechnet ja die ganze Algebra
mit Zeichen, deren jedes »fünf oder hundert« sein kann. Stelle
ich die Formel auf: $(a + b)^2 = a^2 + 2ab + b^2$, so können a und b
beliebige Zahlenwerte sein, die Formel gilt für alle. Jedes
allgemeine Zahlzeichen (a), ist mithin das Schema
der Quantität und zwar speciell das Schema der
Vielheit. Jedes derartige Zeichen aber verlangt noch eine
Einheit; a selbst, wenn auch eine beliebige Zahl, ist die Zusammensetzung von a Einheiten; es ist mithin die Eins (1) ebenfalls
als selbstständiges Schema aufzustellen, als Schema der Kategorie
der Einheit.

Bedürfen wir ausser den Kategorien der Einheit und Viel-
heit noch anderer Kategorien, um mit Zahlen rechnen zu können?
Kant behauptet es, denn er hat eine dritte Quantitätskategorie
aufgestellt, die Allheit, und wir haben bereits im vorigen Capitel die Vermutung ausgesprochen, dass dasjenige a priori,
kraft dessen der Uebergang zur Grenze eines unendlichen
Wertes gelingt, in der synthetischen Einheit der Allheit von
Kant selbstständig gemacht worden sei. Vom Standpunkt des
Quantitäts-Schematismus, d. h. der Algebra, können wir die
Vermutung zur Gewissheit erheben: Ausser 1 und a braucht
die Algebra noch ein drittes Zahlschema (∞) als Zeichen für

die »unendlich grosse« Zahl und es kann wol keinem Zweifel unterliegen, dass ∞ das Schema der Allheit und damit das a priori der Unendlichkeitsgrenze ist.

Es entsteht aber der Kategorie der Allheit ein Gegner, der mit den Waffen des kritischen Systems gerüstet, nicht vernachlässigt werden darf, so wenig wir sonst im Vertrauen auf die feste Fundirung der Kantischen Erfahrungstheorie möglichen Einwendungen zu begegnen versucht haben, der Einwurf nämlich, dass die Allheit eine systematische Einheit, d. h. eine Idee und nicht synthetische Einheit, d. h. Kategorie sei. Indessen der Einwand, so wuchtig er auch zu sein scheint, ist durch die Ergebnisse des vorigen Capitels bereits widerlegt. Gäbe es keine Grenzmethode mit genauen Resultaten, liesse sich z. B. der Wert einer ewigen Rente mittelst Summirung einer unendlichen Reihe nur angenähert erhalten, um so genauer, je mehr Glieder benutzt werden, dann allerdings wäre die Ewigkeit auch in der Mathematik eine Idee, die regulativen aber nicht constitutiven Wert hätte. Aber so wahr es ist, dass die Ewigkeit (und Unendlichkeit des Raumes) als fortgesetzte Hinausrückung der zeitlichen (oder räumlichen) Schranken gedacht, eine Idee ist, so sicher ist es, dass für den Mathematiker die Ewigkeit ebenso wie die Unendlichkeit des Raumes ein Grenzbegriff ist, mit dem er rechnet und nur kraft eines a priori rechnen kann. Müssten wir von der Vielheit zur Unendlichkeit den Uebergang machen, wäre ∞ nur zu denken als immer grösser werdendes a, dann könnte die Grenzmethode nicht wagen, für ihre Resultate apodictische, nicht bloss angenäherte Gewissheit in Anspruch zu nehmen. Ein a sich bis zur Unendlichkeit fortzusetzen, ist allerdings eine Aufgabe und mithin eine Idee, aber die Grenze dürfen wir uns trotzdem kraft des Begriffs der Allheit denken.

Kant hat dies in den Bemerkungen, welche er der Tafel der kosmologischen Ideen unmittelbar folgen lässt, kurz aber nichtsdestoweniger mit grosser Bestimmtheit erklärt. Im Vorhergehenden hatte er gelehrt: die Vernunft fordere, dass, wenn das Bedingte gegeben sei, auch die ganze Reihe der Bedingungen

in der Idee gegeben sein müsse. Aber:»Zuerst ist hierbei an-
zumerken: dass die Idee der absoluten Totalität nichts Anders,
als die Exposition der Erscheinungen betreffe mithin nicht den reinen Verstandesbegriff von einem
Ganzen der Dinge überhaupt. Es werden hier also Erscheinungen als gegeben betrachtet und die Vernunft fordert
die absolute Vollständigkeit der Bedingungen ihrer Möglichkeit,
sofern diese eine Reihe ausmachen, mithin eine schlechthin (d. i.
in aller Absicht) vollständige Synthesis, wodurch die Erscheinung nach Verstandsgesetzen exponirt werden könne[1])«.

Auch den Anfang des folgenden Absatzes müssen wir noch
hierhersetzen, weil er die systematische Methode, welche die Idee
im Gegensatz gegen die synthetische Methode des Verstandes-
begriffes (Kategorie) repräsentirt, sehr bestimmt angiebt:»Zweitens ist es eigentlich nur das Unbedingte, was die Vernunft in
dieser reihenweise und zwar regressiv fortgesetzten Synthesis
der Bedingungen sucht, gleichsam die Vollständigkeit in der
Reihe der Prämissen, die zusammen weiter keine anderen voraus-
setzen. Dieses Unbedingte ist nun jederzeit in der absoluten
Totalität der Reihe, wenn man sie sich in der Einbildung vorstellt, enthalten«. Die letzten, bei uns durch
den Druck hervorgehobenen Worte drücken offenbar dasselbe
aus, was schon die Klammer des vorigen Absatzes »d. i. in
aller Absicht« andeuten wollte. Nur wenn ich mir die Reihe
der Bedingungen in der Einbildung vollendet vorstelle, verwickle
ich mich in Antinomieen, der Begriff von einem »Ganzen der
Dinge« ist von der Idee der Totalität wohl zu unterscheiden[2]).

Der Irrtum, dass die Allheit, die Grenze, eine Idee sein
müsse, weil nach Kant's eigener Lehre der unbeschränkte Fort-

---

1) S. 346.
2) Man vergleiche hierzu die Stelle:»Die Synthesis überhaupt ist . .
die blosse Wirkung der Einbildungskraft, einer blinden, obgleich unent-
behrlichen Function der Seele, ohne die wir überall gar keine Erkenntniss haben würden, der wir uns aber selten nur einmal bewusst sind.
Allein diese Synthesis auf Begriffe zu bringen, das ist eine Function, die dem Verstande zukommt nnd wodurch er uns allererst die Erkenntniss in eigentlicher Bedeutung verschaffet.« (Kritik S. 95).

gang zu ihr eine Idee ist, weil die Reihe als Ganzes sich nicht vorstellen lässt, kann durch Vergleichung der Methoden, welche die beiden anderen Quantitätskategorien repräsentiren, noch besser aufgeklärt werden. Ist es denn möglich, sich eine Zahl vorzustellen, welche 5 oder 100 ist? Oder ist es möglich, sich eine Einheit vorzustellen, die eine Secunde oder ein Jahr oder ein Jahrtausend ist? Aber, weil wir mit dem Schema »a« und »1« operiren gelernt haben, scheint uns die formale Einheit, deren Schema das sinnliche Hülfsmittel der Rechnung ist, selbst vorstellbar zu sein. Das Zeichen ∞ hat eine genau so fixirte Bedeutung wie a oder 1; vorstellen können wir uns ebensowenig die Methode, welche a als die, welche ∞ bezeichnet. Denkeinheiten sind überhaupt nicht vorstellbar, nur ihre Construction in der Zeit ist es; das Schema ist das Zeichen für die Methode der Kategorie, das Zeichen, mit welchem wir, kraft der synthetischen Einheit, welche es vorstellt, rechnen, sicher, auf exacte Resultate zu kommen.

Die Mathematiker haben daher, indem sie das Zeichen der Unendlichkeit erdachten, sich als treffliche Logiker gezeigt; oder vielmehr, indem sie Erfahrung hervorbrachten, haben sie in den Zeichen, welche sie gebrauchten, die Geheimnisse des schaffenden Geistes der Menschheit enthüllt. Als Vieta die allgemeinen Zahlzeichen einführte, schematisirte er die Kategorie der Vielheit; als der exacte Begriff der Unendlichkeit in die Mathematik kam, erstand die Thatsache einer neuen Quantitätseinheit, der Allheit. Denn so ist der Gang gewesen: Einheit, die Kategorie der Rechnung mit gewöhnlichen Zahlen; Vielheit die Kategorie der Buchstabenrechnung, Allheit eine Kategorie der Grenzmethode. Die Kantische Lehre hat nur in systematische Form gebracht, was die Erzeuger der Erfahrung geschaffen hatten. —

War die Schematisirung der Quantitätskategorien verhältnissmässig eine leichte Arbeit, da die Kantischen Aufstellungen so deutlich sind, dass ihre Umsetzung in die Sprache der Mathematiker nicht allzugrosse Schwierigkeiten bereiten konnte, so liegt für die Qualität bei weitem kein so geebneter Boden vor. Der Absatz, in welchem Kant die Schematisirung der Qualitätskategorien vornimmt, ist vielleicht einer der am

wenigsten gut stilisirten in der ganzen Kritik. Wir müssen ihn
in extenso hierhersetzen, da eine kritische Zergliederung der
vorgeführten Gedanken fortwährende Bezugnahme auf den Kantischen Text erheischt.

»Realität ist im reinen Verstandsbegriffe das, was einer
Empfindung überhaupt correspondirt; dasjenige also, dessen Begriff an sich selbst ein Sein (in der Zeit) anzeigt. Negation,
dessen Begriff ein Nichtsein (in der Zeit) vorstellt. Die Entgegensetzung beider geschieht also in dem Unterschiede derselben Zeit, als einer erfüllten, oder leeren Zeit. Da die Zeit
nur die Form der Anschauung, mithin der Gegenstände, als Erscheinungen ist, so ist das, was an diesen der Empfindung entspricht, die transscendentale Materie aller Gegenstände, als
Dinge an sich (die Sachheit, Realität). Nun hat jede Empfindung
einen Grad oder Grösse, wodurch sie dieselbe Zeit, d. i. den
inneren Sinn in Ansehung derselben Vorstellung eines Gegen-
standes, mehr oder weniger erfüllen kann, bis sie in Nichts
($= 0 =$ negatio) aufhört. Daher ist ein Verhältniss und Zusammenhang, oder vielmehr ein Uebergang von Realität zur
Negation, welcher jede Realität, als ein Quantum vorstellig
macht, und das Schema einer Realität, als der Quantität von
etwas, sofern es die Zeit erfüllt, ist eben diese continuirliche
und gleichförmige Erzeugung derselben in der Zeit, indem man
von der Empfindung, die einen gewissen Grad hat, in der Zeit
bis zum Verschwinden derselben hinabgeht, oder von der Negation zu der Grösse derselben allmählich aufsteigt.«

Der Grundirrtum liegt in dem ersten Satz: »Realität ist
im reinen Verstandsbegriffe das, was einer Empfindung überhaupt
correspondirt«; nicht allein das ist verfehlt, dass die Empfindung,
ein durchaus empirisches Bewusstseinselement, in die Definition
einer Kategorie eintritt, sondern es ist, wie mir scheint, überhaupt unrichtig, dass Kant eine Definition von Realität versucht,
ehe er sie schematisirt hat. Ist es denn möglich, zu definiren
was Vielheit sei, ehe man weiss, dass die Mathematik mit
Zahlen arbeitet und dass sie Zahlzeichen annimmt, die fünf oder
hundert sein können? Man versuche, die Vielheit ohne das
Schema der Zahl zu definiren, und die Fruchtlosigkeit der Be-

mühung muss bald deutlich werden. Wie sollte es auch gelingen, die Kategorie, den reinen Verstandesbegriff, der erst die Erkenntnis constituirt, anders zu definiren, als durch die Art der Erkenntnis, welche er möglich macht, durch die wissenschaftliche Methode, welche in ihm ihr a priori hat, und welche dieses a priori in einem bestimmten Zeichen darstellt? Eine Definition der Kategorie giebt es nur in dem Sinne, dass wir durch ihre Construction in der Zeitanschauung den Grundzug ihrer Anwendung begreifen.

Kant selbst hat in dem Abschnitt, welcher überschrieben ist: »Von dem Grunde der Unterscheidung aller Gegenstände überhaupt in Phänomena und Noumena« ausdrücklich und wiederholt erklärt, es sei nicht möglich, Realdefinitionen der Kategorien aufzustellen. Dass die Anwendung der Kategorie auf mögliche Erfahrung eingeschränkt sei, wird hier auch dadurch bewiesen, »dass wir so gar keine einzige derselben definiren können, d. i. die Möglichkeit ihres Objects verständlich machen können, ohne uns sofort zu Bedingungen der Sinnlichkeit, mithin der Form der Erscheinungen herabzulassen, als auf welche, als ihre einzigen Gegenstände, sie folglich eingeschränkt sein müssen, weil wenn man diese Bedingung wegnimmt, alle Bedeutung, d. i. Beziehung auf's Object wegfällt, und man durch kein Beispiel sich selbst fasslich machen kann, was unter dergleichen Begriffe denn eigentlich für ein Ding gemeint sei[1]).«

Derselbe Gedanke findet sich auch in den beiden Stücken dieses Abschnitts, welche in der zweiten Ausgabe weggeblieben sind, ferner auch in der Anmerkung (S. 227), welche in der zweiten Ausgabe hinzugekommen ist und welche nach Kehrbach's Vermuthung das Weggelassene ersetzen soll. Er habe sich, führt Kant in dem ersten weggebliebenen Stücke aus, bei Darstellung der Tafel der Kategorien der Definition der einzelnen Kategorien überhoben, weil es eine Klugheitsregel sei, »sich nicht sofort an's definiren zu wagen und Vollständigkeit oder Präcision in der Bestimmung des Begriffs zu versuchen,

---

1) S. 225.

oder vorzugeben, wenn man mit irgend einem oder andern Merkmale desselben auslangen kann, ohne eben dazu eine vollständige Herzählung aller derselben, die den ganzen Begriff ausmachen, zu bedürfen. Jetzt aber zeigt sich: dass der Grund
dieser Vorsicht noch tiefer liege, nämlich dass wir sie nicht
definiren konnten, wenn wir auch wollten . . .

In der zweiten, weggelassenen Partie aber heisst es: »Daher
bedürfen die Kategorien, noch über den reinen Verstandesbegriff,
Bestimmungen ihrer Anwendung auf Sinnlichkeit überhaupt
(Schema) und sind ohne diese keine Begriffe, wodurch ein
Gegenstand erkannt und von andern unterschieden würde, sondern
nur soviel Arten, einen Gegenstand zu möglichen Anschauungen
zu denken und ihm nach irgend einer Function des Verstandes
seine Bedeutung (unter noch erforderlichen Bedingungen) zu
geben, d. i. ihn zu definiren: selbst können sie also nicht
definirt werden[1].«

Das falsche Element, welches in den irrtümlichen Definitions-
Versuch der Realität eintrat, findet sich in der Schematisirung
der Realität, die der Schluss des Absatzes bringt, wieder. Es
lässt sich aber mit Kant's eigenen Worten der Nachweis führen,
dass die Empfindung bei der Schematisirung der reinen Verstandsbegriffe keine Anwendung finden dürfe. Kant leitet die
Notwendigkeit des transscendentalen Schemas ab aus der Un-
gleichheit der synthetischen Einheiten (Kategorien) und desjenigen
worauf sie Anwendung finden sollen, der sinnlichen, empirischen
Anschauungen. Diese Ungleichartigkeit mache ein Drittes notwendig, welches einerseits mit der Kategorie andrerseits mit der
empirischen Anschauung gleichartig, von jeder in anderer Beziehung verschieden sei. Dieses dritte nun ist die »transscendentale
Zeitbestimmung,« welche »mit der Kategorie (die die Einheit
derselben ausmacht)« sofern gleichartig ist, »als sie allgemein ist
und auf einer Regel a priori beruht«, mit der Erscheinung
sofern, »als die Zeit in jeder empirischen Vorstellung des Man-
nigfaltigen enthalten ist.« Eine transscendentale Zeitbestimmung

---

1) S. 228.

nach einer Regel a priori, d. h. eine Bestimmung, durch welche
der Grundzug einer wissenschaftlichen Methode in systematischer
Reinheit hervortreten soll, kann aber aus dem empirischen
Wesen der Empfindung nicht vorgenommen werden[1]). Möglich,
dass Jemand, der über Mathematik zu philosophiren gedenkt,
findet, die Empfindung gehöre in die Mathematik; der Mathematiker — und nur dieser geht uns an, — kennt das Empfinden
in seiner Wissenschaft nicht. Auch aus den Schematen der
Qualität muss die Empfindung eliminirt werden.

Die Ausscheidung des irrtümlich zugemischten Elementes
ist nicht schwer; wir brauchen nur die letzten Sätze zu strei-
chen und erhalten das Schema der Realität in vollkommener,
wenn auch noch nicht mathematisch fixirter Präcision: . . . »das
Schema einer Realität, als der Quantität von etwas, sofern es
die Zeit erfüllt, ist eben diese continuirliche und gleichförmige Erzeugung derselben in der Zeit«.

Es sei erlaubt, eine Vermutung auszusprechen darüber, was
Kant dazu bewogen haben mag, bei der Schematisirung der
Realitäts-Kategorie ein Element zu verwenden, welches so gar
nicht geeignet ist, den Dienst zu leisten, den er ihm auferlegt
hat. Ich möchte glauben, dass Kant die Empfindung herangezogen hat, um seine Darstellung von den speciellen Methoden
der höheren Mathematik unabhängig zu machen. Schon bei den
Schematen der Quantität vermied es Kant, wie wir gesehen
haben, die Kategorien einzeln zu schematisiren; er stellte die
Zahl als Schema der Quantität auf und machte es nur durch
einige Umschreibungen deutlich, dass er die einzelnen Zahl-
arten als Schemata der drei Quantitätskategorien betrachtet
wissen wolle. Nun ist es wol durch die Untersuchungen des
vorigen Kapitels bereits klar geworden, dass wir uns bei den
Qualitätskategorien auf der Stufe der Infinitesimalrechnung be-
finden, dass Realität, Negation und Limitation die synthetischen
Einheiten für die Methode des sogenannten Unendlichkleinen
sind. Auf diese aber wollte Kant offenbar sich nicht einlassen;

---

1) Kant selbst giebt die Definition: »Eine Perception, die sich lediglich auf das Subject, als die Modification seines Zu-
standes bezieht, ist Empfindung (sensatio)«. (Kr. d. r. V., 278).

er wollte wol seiner Philosophie den Vorwurf ersparen, dieselbe sei nur verständlich, wenn man Leibnizische Differentialrechnung oderNewton'scheFluxionsrechnung getrieben habe. So scheint er auf die Empfindung als Repräsentanten des Continuum-Inhalts verfallen zu sein.

Indem wir nunmehr zu der positiven Arbeit übergehen, die Schemata für die drei Qualitätskategorien aufzustellen, können wir uns leiten lassen durch denjenigen Satz, in welchem Kant die Limitation schematisirt hat, merkwürdigerweise ohne jedes Hineinziehen der Empfindung. »Die Entgegensetzung beider (Realität und Negation) geschieht also in dem Unterschiede derselben Zeit, als einer erfüllten, oder leeren Zeit.« Dass die dritte Kategorie »allenthalben aus der Verbindung der zweiten mit der ersten ihrer Classe« entspringt, hatte Kant bereits unter den »artigen Betrachtungen« über die Kategorietafel angeführt, »die vielleicht erhebliche Folgen in Ansehung der wissenschaftlichen Form aller Vernunfterkenntniss haben könnten,« hatte aber ausdrücklich hinzugefügt, man dürfe ja nicht denken, »dass darum die dritte Kategorie ein blos abgeleiteter und kein Stammbegriff des reinen Verstandes sei.« Es ist daher nur consequent, dass auch das dritte Schema, das der Limitation, aus den beiden ersten, denen der Realität und der Negation, unter Wahrnehmung seiner Selbstständigkeit abgeleitet wird.

Welches ist nun diejenige Zeitbestimmung, bei welcher dieselbe Zeit als erfüllte und leere Zeit unterschieden wird? Es muss diejenige sein, die kleiner ist, als jede angebbare, d. h. Null und die trotzdem wissenschaftlich fixirte Bedeutung behält. Die Antwort, welche ich zu geben wage, ist: Schema der Limitation ist das Zeitmoment, das Zeitdifferential dt. Das Weitere ist dann nicht mehr zweifelhaft: Schema der Negation ist Null (0), Schema der Realität die Zeit, insofern sie aus Zeitmomenten continuirlich erwachsen ist, t als $\int_0^t dt$.

Es muss zunächst auch hier der Einwand zurückgewiesen werden, als sei das Zeitmoment eine Idee, oder das Zeichen für eine solche, weil, wieweit wir auch eine Zeit einschränken, sich immer eine Zeit denken lässt, die kleiner ist als diejenige, bei

welcher wir stehen geblieben sind. Aber der Zusammenhang ist
nicht zwischen Quantität und Qualität, respective ihren Schematen, dass durch Einschränkung einer Zeitquantität zum Zeitmoment gelangt werden könnte. Vielmehr beruht der Uebergang zur Grenze des Zeitmoments, welches quantitativ Null ist,
auf einer selbstständigen Kategorie, der Limitation. Ein Zeitmoment ist nicht eine tausendstel oder eine millionstel Secunde,
oder etwas derartiges empirisches, vielmehr ist die empirische
Zeitbestimmung nach Secunden, Minuten und Tagen erst dadurch
möglich, dass wir in den Strom der Zeit den Anker des
Zeitmoments werfen. Ohne dieses könnten wir wol in dem
Flusse der Zeit schwimmen, aber nicht an das Land steigen,
um die Burgen der Wissenschaft zu errichten. Aus dem Labyrinth de compositione continui glaube man nicht herauszukommen, wenn man in der Zeit Elemente festzusetzen sucht, die
selbst wieder anderer Elemente bedürfen. Aus Nullen muss das
Continuum erwachsen, aber aus Nullen, die einen Inhalt haben
und sich, trotz ihrer quantitativen Nichtigkeit durch den Inhalt
unterscheiden lassen: aus Momenten. Es ist fast wie im Märchen:
die Limitation und ihr Urteil, das unendliche, die den Spott
Aller auszuhalten hatten, gewinnen einen Königsthron.

Es ist eigentümlich, dass Kant die eminent positive Bedeutung der Limitation so arg gegenüber dem oft wiederholten
Hinweis auf die Idee der Schranke vernachlässigt hat. »Dass
sich diese Linie,« schreibt er an Marcus Herz[1]), »in's Unendliche
teilen lasse, ist auch noch keine Idee; denn es bedeutet nur einen
Fortgang der Teilung, der durch die Grösse der Linie gar
nicht beschränkt wird; aber die unendliche Teilung nach ihrer
Totalität und sie mithin als vollendet anzusehen, ist eine Ver-
nunftidee von einer absoluten Totalität der Bedingungen (der
Zusammensetzung), welche an einem Gegenstande der Sinne
gefordert wird, welches unmöglich ist, weil an Erscheinungen
das Unbedingte gar nicht angetroffen werden kann.« Aber so
richtig das ist, so muss doch positiv betont werden, dass die
Linie, sofern sie in der Zeit continuirlich erwächst, nicht Erscheinung ist, sondern sie wird wissenschaftlich (als Integral)

---

1) 26. Mai 1789 (VIII, 718).

durch den Begriff der Qualität bestimmt und bestimmte Erscheinung ist Erfahrung. Das Moment ist nicht das Unbedingte sondern eine constitutive Bedingung der Erfahrung, was Kant durch Annahme der Limitations-Kategorie selbst auf's schärfste fixirt hat.

Besonders entstellend wirkt die einseitige Betonung der Idee der Schranke in der Polemik gegen E b e r h a r d. Dieser war nicht damit einverstanden, dass Kant durch das »Medusenhaupt der Kritik« den Zugang zu den »fruchtbaren Feldern der rationalen Psychologie und Theologie« abgesperrt hatte; er wollte nachweisen, dass Verstandesbegriffe auch unabhängig von den Bedingungen der Anschauung anwendbar seien, und wandte sich, nachdem er dies für die Causalität versucht hatte, dem Begriffe eines einfachen Wesens zu, für dessen von den Sinnen unabhängige Realität er nach Kant's Anführung folgenden Beweis beibrachte:

»Die concrete Zeit, oder die Zeit, die wir empfinden, ist nichts Anderes, als die Succession unserer Vorstellungen; denn auch die Succession in der Bewegung lässt sich auf die Succession der Vorstellungen zurückbringen. Die concrete Zeit ist also etwas Zusammengesetztes, ihre einfachen E l e m e n t e sind Vorstellungen. Da alle endlichen Dinge in einem beständigen Flusse sind, so können diese E l e m e n t e nie empfunden werden, der innere Sinn kann sie nie abgesondert empfinden; sie werden immer als etwas empfunden, das vorhergeht und nachfolgt. Da ferner der Fluss der Veränderungen aller endlichen Dinge ein stetiger, ununterbrochener Fluss ist, so ist kein empfindbarer T e i l der Zeit der kleinste, oder ein völlig einfacher. Die einfachen E l e m e n t e der concreten Zeit liegen also völlig ausserhalb der Sphäre der Sinnlichkeit.« Ueber den Raum hatte Eberhard erklärt: »Die vielseitige Gleichartigkeit der anderen Form der Anschauung, des Raums, mit der Zeit überhebt uns der Mühe, von der Zergliederung derselben alles das zu wiederholen, was sie mit der Zergliederung der Zeit gemein hat, — die ersten E l e m e n t e des Zusammengesetzten, mit welchem der Raum zugleich ist, sind ebensowol, wie die E l e m e n t e der Zeit, einfach und ausser dem Gebiete der Sinnlichkeit; sie sind

Verstandeswesen, unbildlich, sie können unter keiner sinnlichen Form angeschaut werden; sie sind aber dem ungeachtet wahre Gegenstände; das alles haben sie mit den Elementen der Zeit gemein[1])«.

Gegen diese Deduction ist vom Standpunkt des Kriticismus, wie mir scheint, folgendes zu erinnern. Richtig ist, dass im Raum und in der Zeit Elemente angenommen werden müssen, aber nicht die Berufung auf die psychologische Vorstellungs-succession sondern die transscendentale Rücksicht auf die exacte Grenzmethode der Mathematiker ist beweisend. Richtig ist, dass diese Elemente unbildlich sind; nur Schemata, Zeichen können wir uns von der synthetischen Einheit (der Limitation) machen, kraft deren wir Elemente im Stetigen annehmen müssen; — aber diese Elemente sind nicht wahre Gegenstände, sondern (wenn man sie für die synthetische Einheit selber setzt) die Bedingung der Gegenstände. Das Moment kann den realen Gegenstand nicht bedeuten, weil es weder extensive noch inten-sive Grösse hat; Grösse kann nur dem Object bei-gelegt werden[2]). Der Eberhard'sche Beweis zeigt also durch-

---

1) VI, 15 ff.

2) In einer vor einigen Jahren erschienenen Schrift: »Das Axiom der Psychophysik und die psychologische Bedeutung der Weber'schen Versuche. Eine Untersuchung auf Kantischer Grundlage« hatte ich unternommen, auf Grund dieses Satzes den principiellen Irrtum der Fechner'schen Psychophysik nachzuweisen. Indem ich dankbar das Wohlwollen anerkenne, mit welchem die Recensenten dieser Abhandlung meinem Standpunkt gerecht zu werden suchten und indem ich unver-hohlen meiner Bewunderung für die Charaktergrösse Fechner's Ausdruck gebe, welcher die redliche Prüfung der Wahrheit so über alles achtet, dass er selbst auf die Arbeit eines ihm diametral gegenüberstehenden Autors einzugehen und mit einem Wort der Anerkennung hinzuweisen für gut fand, — muss ich gestehen, dass ich durch die vorgebrachten Ein-würfe von der Irrtümlichkeit meiner Position nicht überzeugt worden bin. Es war für mich andrerseits eine wirksame Stärkung meiner An-sicht, als ich bei Prüfung der von H. Cohen in seinem »Das Princip der Infinitesimal-Methode und seine Geschichte. Ein Kapitel zur Grund-legung der Erkenntnisskritik« (mit letzterem Ausdruck bezeichnet Cohen nach dem Vorgange Liebmann's das, was man sonst Erkenntnisstheorie

aus nicht die transscendente Realität einfacher Wesen, ebensowenig, wie es Eberhard gelingen konnte, sie für die Causalität
zu demonstriren. Die synthetischen Einheiten sind alle unbildlich, Denkeinheiten, aber durch ihre Schemata sind sie auf

---

nennt) aufgestellten Realitätstheorie fand, dass die Schwierigkeiten, in
welche sich Cohen bei Ausführung seiner Gedanken verwickelt, ihre einfache Lösung finden, sobald man begreift, dass Cohen, von Richtigem
ausgehend, in denselben Irrtum verfallen ist, welchem die Psychophysik
ihr Dasein verdankt, nämlich: einem Etwas, das, wie das Differential,
nicht reales Object sondern nur das Zeichen für die Position eines Inhalts
ohne Umfang ist, Grösse und zwar intensive Grösse beizulegen. Es wäre
ja recht interessant, wenn es wahr wäre, dass, wie Cohen behauptet,
»die Identität der intensiven und der unendlich kleinen
Grösse zu Kant's Zeiten eine allgemeine Annahme war. In
dieser Beziehung brauchte also Kant nicht ausführlicher zu sein« (S. 14),
Aber ich möchte doch bezweifeln, dass Kant eine den Grundprincipien
seiner Philosophie so widerstreitende Ansicht über das Differential gehabt
habe und Cohen wird die Verantwortung für seine Aufstellungen wol
selbst zu tragen haben. Ich erkenne hier nochmals an, was ich bereits
in der Einleitung hervorgehoben, dass ich es für ein bedeutendes Verdienst des ausgezeichneten Kantinterpreten halte, die Notwendigkeit
scharfer Scheidung von Realität und Wirklichkeit eingesehen zu haben;
nur die letztere darf, wie Kant es gethan, auf Empfindung gegründet
werden, die Realität bedarf eines anderen Anschlusses. Nun aber machte
Cohen den Fehler, die Realität ohne weiteres für Setzung zu erklären,
und, weil das räumliche Differential eine solche Setzung sei, dem Raum-
differential intensive Grösse und Realität beizulegen. Consequenzen des
Irrtums, das Endliche als Summe »jener infinitesimalen, intensiven Rea-
litäten« (S. 144) aufzufassen, waren die vollständige Verkennung der
Bedeutung der Grenzmethode, die nur negativ sein sollte, und die durch
solche Missachtung einer der fruchtbarsten Methoden verdorbene Um-
arbeitung des von Gerhardt zur Geschichte des Infinitesimalgedankens
beigebrachten Materials. Die Quelle des Irrtums aber möchte ich
darin suchen, dass Cohen seine Realitätstheorie aus der Logik geschöpft
hat. In ihr aber giebt es nur Setzung und Aufhebung; eine Aufhebung,
die zugleich Setzung sein soll (wie in der Grenzmethode beim Uebergang zur Grenze oder zum Differential solches gefordert wird) ist logisch
nicht zu verstehen. Wir bedürfen, um diese dritte synthetische Einheit
der Qualität würdigen zu können, des zeitlichen Continuums. Freilich
auch die Continuität hat Cohen mehr logisch behandelt.

mögliche Erfahrung restringirt, eben weil wir, ausser durch die Schemata, nicht wissen, was die einzelnen Einheiten leisten können.

Kant befand sich Eberhard gegenüber in einer eigentümlichen Zwangslage. Nicht als ob dieser einen ungeschützten Punkt der kritischen Philosophie angegriffen hätte, denn wenn irgendwo, so ist hier der Kriticismus unversehrbar. Aber Kant wollte nun einmal aus Gründen, die sich nur vermuten lassen, das zeitliche und räumliche Differential oder Moment nicht in sein System einführen und so kam es, dass er gegen etwas polemisirte, was Eberhard, wie aus den angeführten Worten hervorgeht, schlechterdings nicht gesagt hatte: dass nämlich die Erscheinung aus unbildlichen T e i l e n zusammengesetzt sei. Eberhard hatte geschrieben: »aus E l e m e n t e n« und ausdrücklich hinzugesetzt, dass kein empfindbarer T e i l der Zeit der kleinste, oder ein völlig einfacher sei. Es ist schwer, einen einzelnen Satz anzuführen, in welchem die falsche Richtung der Kantischen Polemik vollkommen deutlich zu Tage träte: man muss die ganze Auseinandersetzung lesen; doch wird der folgende immerhin im Stande sein, unsere Behauptung zu stützen: »Er (Eberhard) wollte eigentlich, dass der Leser nicht sehen möchte, dass seine objectiven Gründe, die nicht Erscheinungen sein sollen, sondern Dinge an sich, blos T e i l e (einfache) der Erscheinungen sind; denn da würde man die Untauglichkeit einer solchen Erklärungsart sofort bemerkt haben. Er bedient sich also des Wortes Gründe; weil Teile doch auch Gründe der Möglichkeit eines Zusammengesetzten sind, und da führt er mit der Kritik einerlei Sprache, nämlich von den letzten Gründen, die nicht Erscheinungen sind. Hätte er aber aufrichtig von T e i l e n der Erscheinungen, die doch selbst nicht Erscheinungen sind, von einem Sinnlichen, dessen T e i l e doch nichtsinnlich sind, gesprochen, so wäre die Ungereimtheit (selbst wenn man die Voraussetzung einfacher Teile einräumte) in die Augen gefallen[1].« —

Von den bisher benutzten Bezeichnungen: Element, Differential und Moment, scheint mir, wenigstens für die Zeit, der

---

1) S. 24.

letzte am geeignetsten zu sein. Der Terminus »Moment« deutet zunächst auf die Bewegung hin, welche in der That zur Constituirung des Stetigen nöthig ist, da Stetigsein nichts anderes bedeutet, als durch Bewegung entstanden sein. Er schliesst sich ferner dem gewöhnlichen Sprachgebrauch an, der mit Moment eine sehr kleine Zeit (freilich nicht ein Moment im Sinne der Grenze) bezeichnet. Endlich kann er, ohne seine Bedeutung zu wechseln, den Uebergang zum räumlichen und mechanischen Continuum mitmachen. Doch ist für diese beiden, complicirteren Arten des Continuums das Differential insofern eine praktischere Bezeichnungsweise, als es die Methode, welche durch das Zeitmoment ermöglicht wird, besser anzeigt. Das Wort Element wird bekanntlich von den Mathematikern zuweilen für Differential gesetzt.

Mit wissenschaftlicher Präcision eingeführt wurde das Moment von Newton in jenem berühmten »Lehnsatz« des zweiten Buches der Principia math. phil. naturalis, wo es heisst: »Genitam voco quantitatem omnem, quae ex lateribus vel terminis quibuscunque, in Arithmetica per multiplicationem, divisionem et extractionem radicum; in Geometria per inventionem vel contentorum et laterum, vel extremarum et mediarum proportionalium, absque additione et subductione generatur. Ejusmodi quantitates sunt Facti, Quoti, Radices, Rectangula, Quadrata, Cubi, Latera quadrata, Latera cubica et similes. Has quantitates ut indeterminatas et instabiles, et quasi motu fluxuve perpetuo crescentes vel decrescentes hic considero, et earum incrementa vel decrementa momentanea sub nomine Momentorum intelligo: ita ut incrementa pro momentis additiis seu affirmativis, ac decrementa pro subductitiis seu negativis habeantur. Cave tamen intellexeris particulas finitas. Particulae finitae non sunt momenta, sed quantitates ipsae ex momentis genitae. Intelligenda sunt principia jamjam nascentia finitarum magnitudinum. Neque enim spectatur in hoc Lemmate magnitudo momentorum, sed prima nascentium proportio. Eodem recidit si loco momentorum usurpentur vel velocitates incrementorum ac decrementorum, (quas etiam motus, mutationes et fluxiones quantitatum nominare licet) vel finitae quaevis quantitates velocitatibus hisce proportionales.«

Newton hat in diesem Lemma das Princip der Infinitesimalmethode in lapidarer Einfachheit ausgesprochen. Nicht die Grösse der Momente wird beachtet, sondern ihr Verhältnis; warum? weil das Moment keine Grösse hat, sondern Moment für eine Grösse, die continuirlich erwachsene Integralgrösse ist. Die genita y hat ein Moment, insofern sie Function von x ist. In dem Bewusstsein, auf Newton's Definition zu fussen, gehen wir nunmehr daran, die gewonnenen Resultate für die einfachsten Lehren der Differentialrechnung fruchtbar zu machen und besonders den Zusammenhang hervorzukehren, der zwischen den sogenannten höheren Differentialien und dem Continuitätsprincip besteht.

Wenn $y = f(x)$ d. h. eine Function von x ist, so heisst das: es entspricht der continuirlichen Reihe der x eine continuirliche Reihe der y (von der durch Einführung des Imaginären notwendig gewordenen Erweiterung des Functionalbegriffs wird hier abgesehen). Damit y und x Realität d. i. ein Existenzquantum haben, müssen sie als in einer gewissen Zeit erwachsen gedacht werden. Zu einem Moment dieser Zeit gehört ein Moment von x und ein Moment von y; ersteres wird nach Leibniz mit dx, nach Newton mit $o\dot{x}$[1]), letzteres mit dy resp $o\dot{y}$ bezeichnet. x selbst erwächst aus dx, wie t aus dt, d. h. durch die Folge der dx, nicht durch ihr Nebeneinanderlegen; das Nebeneinanderlegen wird erst durch das Nacheinander der Momente möglich. Ebenso wie dt ist dx der Quantität nach Null, hat keinen Umfang; trotzdem hat das Differential einen Inhalt und dx ist das Zeichen für den Inhalt

---

1) Nam sit 0 quantitas admodum parva et sunto $o\dot{z}$ $o\dot{y}$ $o\dot{x}$ quantitatum z, y, x momenta id est incrementa momentanea synchrona. Et si quantitates fluentes jam sunt z, y et x hae post momentum temporis incrementis suis $o\dot{z}$, $o\dot{y}$, $o\dot{x}$ auctae evadent $z + o\dot{z}$, $y + o\dot{y}$, $x + o\dot{x}$ etc. (Tractatus de quadratura curvarum, demonstratio zur Prop. I, Prob. I). Man sieht hier deutlich, dass Newton durch das Zeitmoment bei seiner Bezeichnung geleitet wurde.

ohne Umfang. Wäre dx nur Null, so würden selbst unendlich viele dx nichts Endliches geben; weil aber dx Null, so geben erst unendlich viele dx etwas Endliches. Quantität und Qualität constituiren erst zusammen objective Realität; die Qualität giebt in der Limitation den Inhalt mit der Negation des Umfangs, die Quantität in der Allheit die unendliche Wiederholung des Inhalts, welche das Integral ist.

Eine Linie y hat, als unbestimmte Erscheinung, keine Realität. Damit sie mathematisch real werde, muss sie aus Momenten (Differentialien) erwachsen sein, deren jedes einem Zeitmoment dt entspricht. Das Quantum ihrer Realität hängt ab von dem Verhältnis des Raummoments zu dem Zeitmoment (Geschwindigkeit) d. h. von

$$\frac{dy}{dt}$$

Dasselbe gilt für x, dessen Realität wird gemessen durch

$$\frac{dx}{dt}$$

Mithin ist, wenn die Realität von y direct an derjenigen von x gemessen werden soll

$$\frac{dy}{dx} = f'(x)$$

das Mass derselben.

Aendert sich x continuirlich, so gilt dies auch für den Differentialquotienten; daher ist letzterer selbst wieder y für x d. h. Function von x. Dem dx, welches kraft eines dt angenommen wird, entspricht mithin das Moment (Differential) der Reihe der Differentialquotienten, welches ebenso zu bilden ist, wie das Moment von y.

Das Moment des Differentialquotienten gemessen an dx ist daher

$$\frac{d\left(\frac{dy}{dx}\right)}{dx} = \frac{d^2y}{dx^2} = f''(x)$$

Der zweite Ausdruck ist nur symbolisch; streng geredet giebt es keine höheren Differentialien, nur höhere Differentialquotienten. Denn dx, welchem, als Zeichen für blossen Inhalt, objective Realität nicht beigelegt werden kann, darf nicht selbst x für ein d^2y werden. Wol aber darf man fragen, wie der Differentialquotient, als Mass der Realität, sich continuirlich ändert, d. h. welches sein Moment ist.

Es ist klar, dass wir nicht beim zweiten Differentialquotienten stehen bleiben müssen. Die Reihe derselben ist wieder continuirlich und hängt mit der x-Reihe, worauf auch die Bezeichnung $f''(x)$ hinweist, functionell zusammen. Wir dürfen also wieder das Moment bilden und es steht principiell dem weiteren Fortschritt zu immer höheren Differentialquotienten nichts entgegen. Dass sich dieselben, deren Möglichkeit aus unbestimmter Erscheinung nie wird erklärt werden können, als selbstverständliche Consequenz der Momentangrenze ergeben, ist eine wichtige Bestätigung unserer Auffassung des Continuums. Wir gehen in den folgenden Capiteln dazu über, die gewonnenen Resultate für die mechanische Stetigkeit zu verwerten.

Capitel III.
Robert Mayer. *Die Kraft als wandelbares und unzerstörbares Object.*

Robert Mayer machte im Sommer 1840 bei Aderlässen, die er als Arzt auf Java bei neuangekommenen Europäern vornahm, die Bemerkung, dass das aus der Armvene entnommene Blut fast ohne Ausnahme eine überraschend hellrote Färbung hatte. Diese Beobachtung regte Mayer zum Nachdenken an und indem er sich in geistvoller Weise auf die physiologische Verbrennungstheorie Lavoisiers stützte, war das Resultat seiner Ueberlegung folgendes.

Man kann die vitalen Vorgänge im thierischen Körper betrachten unter dem Gesichtspunkt von Einnahme und Ausgabe, Leistung und Verbrauch. Eingenommen werden die kohlenstoffhaltigen Speisen, die, dem Blute assimilirt, durch den von den Lungen zugeführten Sauerstoff einer langsamen Verbrennung (Oxydation) anheimfallen; nur eine vergleichungsweise geringe Quantität derselben dient dem minderwichtigen Zwecke, mittelbar in die Substanz der Organe selbst einzugehen und das Wachstum und den Wiederersatz abgenützter Festteile zu bewirken. Es entsteht also im Körper Wärme durch einen chemischen Vorgang, die Verbindung von Kohlenstoff und Sauerstoff zu Kohlensäure; dabei wird das Haemoglobin des Blutes desoxydirt und nimmt eine dunklere Färbung an: die Farbe des Venenblutes hängt von der Lebhaftigkeit des chemischen Processes d. h. der Wärmebildung ab.

Die Ausgabe setzt sich aus zwei Theilen zusammen: es wird ein Quantum erzeugter Wärme in jedem Moment direct, ohne Formänderung, an das umgebende, im Allgemeinen kältere Medium durch Leitung und Strahlung abgegeben. Dieses Quantum variirt offenbar je nach der Aussentemperatur; es wird in kältereren Gegenden und der kälteren Jahreszeit grösser sein. Der Rest der erzeugten Wärme dient dazu, die mechanische Arbeit zu leisten, welche Muskeln und Nerven ununterbrochen im thierischen Körper verrichten.

Stellt man nun den Grundsatz auf, dass von der erzeugten Wärme kein Quantum ganz verloren gehen dürfe, so folgt aus der Anwendung dieses Grundsatzes auf das eben besprochene Gewinn- und Verlust-Conto, dass bei annähernder Constanz der vom Organismus geleisteten mechanischen Arbeit jede Verminderung der directen Wärmeabgabe eine Herabsetzung des chemischen Processes, damit eine verminderte Desoxydation des Hämoglobins und das Hellerwerden des Venenblutes zur Folge haben müsse. Nun macht aber, wie die Aderlässe zeigen, die Herabsetzung der directen Wärmeabgabe in der heissen Zone das Venenblut thatsächlich heller; also, schloss Mayer in genialer Verallgemeinerung, erhält sich die Wärme, indem sie sich zum Teil in mechanische Arbeit umsetzt, zum Teil direct abgegeben wird.

Mit diesem Schluss ist der Erhaltungsgedanke in ein Stadium getreten, grundverschieden von dem, in welchem er sich bei Leibniz befand. Ohne sich dessen klar bewusst zu sein, fusst Mayer auf dem Kantischen Begriff der Realität. Die Wärme, aus sich erhaltenden Momentanzuwüchsen erstanden, ist ebenso wie die Arbeit, welche im allgemeinen bei der Aenderung der Configuration eines Systems geleistet wird, ein reales Quantum, ein Quantum von Existenz und indem Mayer dafür die Erhaltung forderte, sprach er die erste Analogie Kant's, die Beharrung der Substanz aus.

Mayer hat sich nicht damit begnügt, den Grundsatz von der Erhaltung des Realen in einem Falle bewährt gefunden zu haben; er ist an andere Erscheinungen herangetreten, und was er in den Jahren 1840—1842 gefunden, hat er in der Abhandlung: »Bemerkungen über die Kräfte der unbelebten Natur« (Annalen der Chemie und Pharmacie von Wöhler und Liebig,

B. XLII, Maiheft) niedergelegt[1]). Die Abhandlung zeigt, wie
der fruchtbare Gedanke, den die Beobachtung des helleren
Venenbluts geweckt, sich kräftig entwickelt hat, und die philosophische Erörterung, die Mayer seiner Aufstellung des mechanischen Wärmeäquivalents vorherschickt, ist der Versuch, der
Philosophie den Dank abzustatten, der ihr für den Anteil an
der Auffindung dieser wichtigen Naturbeziehung gebührt.

Helmholtz hat dem Heilbronner Arzt dieses metaphysische
Gewand seiner ersten Abhandlung zum Vorwurf gemacht. In
einem Zusatz, welchen er in der Gesammtausgabe der wissenschaftlichen Abhandlungen (1881) seiner 1847 erschienenen, mit
Recht wegen ihres universellen Standpunktes berühmten Abhandlung: »Ueber die Erhaltung der Kraft« beigefügt hat, heisst
es in Bezug auf Robert Mayer: »In neuester Zeit haben die Anhänger methaphysischer Speculation versucht, das Gesetz von
der Erhaltung der Kraft zu einem a priori gültigen zu stempeln,
und feiern deshalb R. Mayer als einen Heros im Felde des
reinen Gedankens. Was sie als den Gipfel von Mayer's
Leistungen ansehen, nämlich die metaphysisch formulirten Schein-
beweise für die a priori'sche Nothwendigkeit dieses Gesetzes, wird
jedem an strenge wissenschaftliche Methodik gewöhnten Natur-
forscher gerade als die schwächste Seite seiner Auseinandersetzungen erscheinen und ist unverkennbar der Grund gewesen,
warum Mayers Arbeiten in naturwissenschaftlichen Kreisen so
lange unbekannt geblieben sind. Erst als von anderer Seite
her, namentlich durch Herrn Joule's meisterhafte Arbeiten, die
Ueberzeugung von der Richtigkeit des Gesetzes sich Bahn ge-
brochen hatte, ist man auf Mayer's Schriften aufmerksam geworden[2])«.

Die historischen Thatsachen sind ja unzweifelhaft richtig.
Eine andere Frage aber ist, ob nicht jetzt, nachdem unter
Helmholtz' hervorragender Mitarbeiterschaft die Wichtigkeit des
Erhaltungs-Grundsatzes für alle Zweige der Physik erkannt ist,
die Berechtigung ja Notwendigkeit vorliegt, die metaphysische

---

1) Ich citire nach: Die Mechanik der Wärme in gesammelten Schriften von J. R. Mayer, zweite Auflage.

2) S. 73.

Grundlage zu würdigen, die sich bei Mayer so bewährt hat, dass sie ihn das mechanische Aequivalent der Wärme mit einer Annäherung finden liess, die bei dem Mangel vielleicht aller, jedenfalls aber umfangreicher Experimente geradezu überraschen muss. Eine Metaphysik, die solche Früchte trägt, sollte auch der eifrigste Empirist nicht schelten.

R. Mayer geht in der Abhandlung vom Jahre 1842 aus von dem Satz: »Kräfte sind Ursachen; mithin findet auf dieselben volle Anwendung der Grundsatz: causa aequat effectum.« Darum kann keine Ursache vergehen; denn indem sie aufhört Ursache zu sein, wird sie Wirkung; daher die erste Folgerung: Ursachen sind unzerstörlich.

Ursache und Wirkung gehen also in einander über; da *c* (causa, Ursache) in *e* (effectus, Wirkung), dann wieder *e*, nunmehr als Ursache, in *f* übergeht, »so müssen wir diese Grössen als verschiedene Erscheinungsformen eines und desselben Objectes betrachten. Die Fähigkeit, verschiedene Formen annehmen zu können ist die zweite wesentliche Eigenschaft aller Ursachen.« Daher vervollständigt sich die erste Folgerung dahin: »Ursachen sind (quantitativ) unzerstörliche und (qualitativ) wandelbare Objecte.«

Nach einem kurzen Absatz, in welchem, wol nicht ganz correct, Materie und Kraft unterschieden worden, zieht dann Mayer mit vollendeter Präcision für die Mechanik die Consequenz der aufgestellten Sätze: »Eine Ursache, welche die Hebung einer Last bewirkt, ist eine Kraft; ihre Wirkung, die gehobene Last, ist also ebenfalls eine Kraft; allgemeiner ausgedrückt heisst dies: räumliche Differenz ponderabler Objecte ist eine Kraft; da diese Kraft den Fall der Körper bewirkt, so nennen wir sie Fallkraft. Fallkraft und Fall, und allgemeiner noch Fallkraft und Bewegung sind Kräfte, die sich verhalten wie Ursache und Wirkung, Kräfte, die ineinander übergehen, zwei verschiedene Erscheinungsformen eines und desselben Objectes. Beispiel: eine auf dem Boden ruhende Last ist keine Kraft; sie ist weder Ursache einer Bewegung, noch der Hebung einer andern Last, wird diess aber in dem Masse, in welchem sie über den Erdboden gehoben wird; die Ursache, der Abstand einer Last von der Erde, und die Wirkung, das erzeugte Bewegungsquantum stehen, wie die Mechanik weiss, in einer beständigen Gleichung[1].«

Das Galilei'sche Fallgesetz ist daher für Mayer eine Gleichung, welche die Erhaltung der Kraft ausspricht. Die Fallkraft v findet er proportional der Masse m des Körpers und seiner Erhebung d, also $v = md$; geht die Fallkraft in Bewegung über, so ist, wenn c die Geschwindigkeit, mc^2 das Mass der Kraft v, also $v = md = mc^2$; diese Gleichung, in welcher nur ein constanter Factor hinzuzufügen ist, repräsentirt vollkommen das Grundgesetz der modernen Naturforschung; aus der Fallkraft ist die potentielle Energie, aus der Bewegung die kinetische Energie entstanden.

Nun kommt Mayer auf die Wärme zu sprechen, jene Kraftform, von welcher wol der Gedankenzug ausgegangen, der ihn schliesslich die Kräfte als wandelbare und doch unzerstörbare Objecte erkennen liess; war es ja bei jener ersten Induction auf Java die im Körper durch Verbrennung von C erzeugte Wärme, deren Beharren Mayer aus dem Hellerwerden des Venenbluts bei angekommenen Europäern schloss. Wenn ich zwei Metallplatten an einander reibe, so geht fortwährend Bewegung verloren, ohne dass Fallkraft oder eine der verbrauchten Kraft entsprechende Molekularveränderung einträte; der sich loslösende Metallstaub kann die Wirkung der aufgewendeten Kraft nicht sein, denn dann müsste er umgekehrt als Ursache wieder die Bewegung als Wirkung hervorrufen können, was offenbar nicht der Fall ist. Mithin ist es die bei der Reibung fortwährend erzeugte Wärme, in welche als Wirkung sich die Bewegung als Ursache umsetzt, und ebenso, wie in dem Fallgesetz eine constante Beziehung zwischen Fallkraft und Bewegung stattfindet, ebenso muss eine Gleichung zwischen Bewegung, Fallkraft und Wärme bestehen.

Mayer fand diese Gleichung; sie ist das mechanische Aequivalent der Wärme; wie jede zahlenmässige Ermittelung der Physik repräsentirt die Tatsache, »dass dem Herabsinken eines

---

1) S. 4 und 5.

Gewichtsteiles von einer Höhe von 425 m. die Erwärmung eines gleichen Gewichtsteiles Wasser von 0⁰ auf 1⁰ entspreche,« die Beharrlichkeit des Realen, oder wie Mayer es ausdrückt, die Wandelbarkeit und Unzerstörbarkeit der Kraft.

Wie gewaltig Mayer's Geist gearbeitet, ehe die Verkennung und Missachtung seiner Leistungen die Schaffenskraft dieses ausserordentlichen Mannes brach, zeigt der Fortschritt, den die Schrift von 1845: »Die organische Bewegung in ihrem Zusammenhange mit dem Stoffwechsel. Ein Beitrag zur Naturkunde« bedeutet. Das metaphysische Gerüste, das seine Schuldigkeit gethan, ist zum grössten Teil abgetragen; frei und kräftig erheben sich auf der gesicherten Grundlage, der Erhaltung der Kraft in allem Wandel die Umrisse einer neuartigen Auffassung der gesammten Natur.

Zunächst werden die bereits in dem ersten Aufsatze gefundenen Sätze recapitulirt. Es giebt zwei Arten des mechanischen Effectes: Fallkraft und Bewegung. Noch deutlicher, als es früher geschehen war, wird die allgemeine Fallgleichung

$$Ac^2 + Bc'^2 = \frac{AB\,(h - h')}{h\,h'}$$

und deren specielle Form in der Nähe der Erdoberfläche

$$Ac^2 = A\,(h - h')$$

(wo wieder constante Factoren hinzuzufügen sind) als Ausspruch des Erhaltungsgedankens bezeichnet: »Die eine Seite dieser Gleichungen können wir „Ursache", die andere „Wirkung", jede aber „Kraft" nennen[1]«.

Was die erste Abhandlung vermissen liess: Aufdeckung der Methode, welche zu der Zahl für das mechanische Aequivalent der Wärme geführt hatte, wird jetzt im III. Abschnitt nachgeholt. Einen Cubikcentimeter Luft unter constantem Druck um 1⁰ zu erwärmen, wird mehr Wärme erfordert, als wenn dasselbe Quantum bei constantem Volumen um ebenso viel wärmer werden soll. Ist das Gewicht, welches im ersten Fall gehoben wird, P, seine Steighöhe h, ist ferner y das Quantum Wärme,

---

[1] S. 23.

welches im ersten Fall mehr verbraucht wird, so ist

$$y = Ph$$

die Erhaltungsgleichung, deren linke Seite ein Wärmequantum (Einheit die Calorie), deren rechte Seite eine Fallkraft (Einheit Gramm und Meter) ist. Diese Gleichung bedeutet das mechanische Aequivalent der Wärme.

Neu hinzugefügt ist der IV. und V. Abschnitt; im ersteren werden einige Consequenzen des Erhaltungsgrundsatzes für Electricität und Magnetismus, im letzteren für chemische Verbindung und Trennung gezogen. Diese Partieen enthalten mehr ein Programm, als eine Ausführung; aber das oberste Gesetz der einheitlichen Natur wird mit vollkommener Schärfe, ohne jede »metaphysische« Zuthat, auch auf diese Zweige der Physik übertragen: »Bei allen physikalischen und chemischen Vorgängen bleibt die gegebene Kraft eine constante Grösse [1].« Dass es für Mayer keine Imponderabilien geben kann, ist wol unnöthig noch besonders hervorzuheben. Den Abstand zweier Massen, welchem die Fallkraft proportional ist, wird Niemand ein imponderabile nennen; und doch lässt sich diese »Kraftform« principiell in alle möglichen Formen von Kraft überführen. »Sprechen wir es aus,« ruft Mayer am Schluss des anorganischen Teiles der Abhandlung, (welcher nur als Einleitung zum zweiten, die Consequenz für die organische Natur in wahrhaft genialer Weise ziehenden Abschnitt zu betrachten ist) »die grosse Wahrheit: „Es giebt keine immateriellen Materien!“ Wohl fühlen wir, dass wir mit den eingewurzeltsten, durch grosse Autoritäten kanonisirten Hypothesen in den Kampf gehen, dass wir mit den Imponderabilien die letzten Reste der Götter Griechenlands aus der Naturlehre verbannen wollen; aber wir wissen auch, dass die Natur in ihrer einfachen Wahrheit grösser und herrlicher ist, als jedes Gebild von Menschenhand und alle Illusionen des erschaffenen Geistes.« —

In einer kürzlich im Druck erschienenen Rede spricht Clausius den Gedanken aus, dass die Sonne der Quell aller Energie ist, die teils in der Form von Kohle im Erdinnern

---

1) S. 49.

von früheren Zeiten her aufgespeichert liegt, teils fortwährend in der Form wehender Winde, fliessender Gewässer verbraucht wird. Der Gedanke stammt von Robert Mayer, der mit ihm den organischen Teil der Abhandlung vom Jahre 1845 einleitet. »Die Sonne ist eine nach menschlichen Begriffen unerschöpfliche Quelle physischer Kraft. Der Strom dieser Kraft, der sich auch über unsere Erde ergiesst, ist die beständig sich spannende Feder, die das Getriebe irdischer Thätigkeiten im Gange erhält. Bei der grossen Menge von Kraft, welche unsere Erde in den Weltraum als wellenförmige Bewegung fortwährend hinausschickt, müsste ihre Oberfläche, ohne beständigen Wiederersatz, alsbald in Todeskälte erstarren. Das Licht der Sonne ist es, welches in Wärme verwandelt, die Bewegungen in unserer Atmosphäre bewirkt und die Gewässer zu Wolken in die Höhe hebt und die Strömung der Flüsse hervorbringt; die Wärme, welche von den Rädern der Wind- und Wassermühlen unter Reibung erzeugt wird, diese Wärme ist der Erde von der Sonne aus in Form einer vibrirenden Bewegung zugesendet worden[1].«

Um das von der Sonne der Erde unaufhörlich zuströmende Kraftquantum aufzuspeichern, dienen die Pflanzen. »Die Pflanzenwelt bildet ein Reservoir, in welchem die flüchtigen Sonnenstrahlen fixirt und zur Nutzniessung geschickt niedergelegt worden; eine ökonomische Fürsorge, an welche die physische Existenz des Menschengeschlechtes unzertrennlich geknüpft ist und die bei der Anschauung einer reichen Vegetation in jedem Auge ein instinktartiges Wohlgefallen erregt[2].«

Es muss also der Gedanke abgewiesen werden, als ob die Pflanzen während des Lebens chemischen Urstoff zu verwandeln oder gar zu erzeugen im Stande wären. Mag immerhin der Organismus mehr sein, als ein blosses Object der mechanischen Naturbetrachtung, mag die Teleologie ihre Ansprüche gerechterweise an ihn geltend machen: für den Physiker gehört die Pflanze mit Hebel oder Elektrophor zu den Maschinen, welche die Aufgabe haben, eine Kraftform in eine andere umzusetzen. Es findet in

---

1) S. 53.
2) S. 54.

der Pflanze nur eine Umwandlung nicht eine Erzeugung von Materie statt[1]).

Die mechanische Aufgabe der Pflanze besteht nun nach Mayer in der Umwandlung von Sonnenlicht in chemische Differenz; die letztere ist, wie bereits oben angeführt, so gut eine mechanische Kraft, wie Fallkraft, Bewegung, Wärme oder Electricität; das in der Pflanze aufgespeicherte Quantum derselben kommt bei der Verbrennung als Wärme zum Vorschein. Aber nur während des Tages erfolgt ein absoluter Gewinn an chemischer Differenz, nicht während der Nacht oder der Zeit der Keimung, wo Sauerstoff aufgenommen und Kohlensäure abgegeben wird; sollen wir nun annehmen, dass die in der Nacht verbrauchte chemische Differenz als Wärme an das umgebende Medium abgegeben wird und damit für die Pflanze verloren geht? Ist es wahrscheinlich, dass in der Nacht ein Teil der dem Sonnenlicht abgewonnenen Materie unter Wärmeentwicklung langsam wieder verbrannt wird?

Mayer hat gegen diese Möglichkeit zweierlei einzuwenden. Erstlich einen gut teleologischen Grund: es ist unwahrscheinlich, »dass diese Organismen in Vollbringung ihrer wichtigen Aufgabe, Kraft anzuhäufen, durch die mathematisch-geographischen Verhältnisse ihres Standpunktes nicht nur gefördert, sondern vielmehr geradezu gestört werden sollten. Die Pflanzen, indem sie einen Teil des im Lichte gewonnenen Kohlenstoffs in der Dunkelheit zur Wärmeausscheidung wieder verwendeten, würden bei Tage zwei Schritte vorwärts bei Nacht einen Schritt rückwärts gehen[2])«. Ferner aber findet man in den Tropen, wo die Verteilung von Tag und Nacht am gleichmässigsten ist, die üppigste Vegetation, die schwer erklärlich wäre, wenn die Pflanzen dort ebensolange Wärme abgeben als chemische Differenz aufspeichern würden. Beide Gründe machen es wahrscheinlicher, »dass die während der nächtlichen Oxydation des Kohlenstoffs gewonnene Kraft in der Pflanze ihre wichtige Verwendung finde, als dass diese Kraft in Form freier Wärme excernirt werden sollte.« Es wäre z. B. möglich, dass nach Art der galvanischen

1) S. 55.
2) S. 58.

Säule ein Teil der gegebenen chemischen Differenz in der Nacht zur Hervorbringung anderweitiger chemischer Processe verwendet würde, welche die Pflanze zu der Weiterverarbeitung von Licht um so empfänglicher machen könnten.

Der folgende Abschnitt bringt die Consequenzen der einheitlichen Naturauffassung für die physiologischen Vorgänge des Thierreichs; dem Berufe Mayer's entsprechend ist dieser Teil besonders reich an Einzelheiten, von denen manche vielleicht veraltet sind; doch scheint mir auch diese Partie der Abhandlung zahlreiche Bemerkungen zu enthalten, an denen die Weiterarbeit vielleicht erfolgreich anknüpfen könnte. Ich setze hier noch den Absatz her, welcher mit einer für die damalige Zeit gewiss bemerkenswerthen Präcision den Unterschied zwischen Pflanzen- und Thierreich mechanisch aufzustellen sucht: »Das lebende Thier nimmt fortwährend aus dem Pflanzenreiche stammende brennbare Stoffe in sich auf, um sie mit dem Sauerstoff der Atmosphäre wieder zu verbinden. Parallel diesem Aufwande läuft die das Thierleben charakterisirende Leistung: die Hervorbringung mechanischer Effecte, die Erzeugung von Bewegungen, die Hebung von Lasten. Diese Leistung ist Mittel und Zweck im thierischen Organismus; sie ist Bedingung jedweden animalischen Lebensprocesses. Zwar auch die Pflanzen bringen mechanische Effecte hervor, sie bewegen und heben: offenbar ist aber, bei gleicher Zeit und gleicher Masse, die Summe der von einem Pflanzenindividuum geleisteten Effecte der thierischen Leistung gegenüber eine verschwindend kleine; während also in der Pflanze die Erzeugung mechanischer Effecte eine quantitativ und qualitativ sehr untergeordnete Rolle spielt, ist die Verwandlung chemischer Differenz in individuell nutzbaren mechanischen Effect der unzertrennliche Begleiter, das charakteristische Merkmal des Thierlebens[1].«

R. Mayer war ein Kantischer Kopf; er suchte die Einheit der Natur da, wo sie allein zu finden ist: in der Einheit unseres Denkens. Selbst die Stilisirung seines obersten Grundsatzes: dass Kräfte wandelbare aber unzerstörbare O b j e c t e seien,

---

1) S. 60 und 61.

erinnert an Kant und es wäre nicht wunderbar, wenn einst ein unparteiischer Biograph des grossen Heilbronner Arztes erzählen sollte, dass Mayer die kritische Philosophie studirt habe. Sei dem aber, wie immer, das Gesetz der Krafterhaltung, wie Mayer es gefordert, ist ein alle Erfahrung constituirendes Gesetz, weil es zusammenfasst, was die Denkeinheiten, die Kant »Analogien der Erfahrung« genannt hat, in wissenschaftlicher Specification aussprechen. Wir wagen nicht, die naive Schönheit der Mayer'schen Gedanken zu zerstören, indem wir sie in die »rauhe Schulsprache der Kritik[1])«, wie Kant selbst sie nennt, umsetzen; wir wollen in selbstständiger Darstellung den Beweis für die eben aufgestellte Behauptung zu erbringen suchen.

---

1) In einem Briefe an Lichtenberg, dessen Entwurf sich auf der Königsberger Universitätsbibliothek befindet. (VIII, 794).

Capitel IV.

Kant's Analogien der Erfahrung.

Es findet sich in der »Kritik der reinen Vernunft« eine
Stelle, die so wenig in den Organismus des kritischen Systems
passt, dass ich sie gewissermassen für ein rudimentäres Organ
oder ein den scholastischen Atavismus verrathendes Erbteil
erklären möchte: »Die Causalität führt auf den Begriff der
Handlung, diese auf den Begriff der Kraft und dadurch auf den
Begriff der Substanz[1]«. Dass Kant, indem er durch Heran-
ziehung des Begriffs der Handlung den Zusammenhang
zwischen den Analogien der Erfahrung herstellen wollte, in die
Scholastik zurückverfallen ist, möge nur eine Stelle beweisen,
die sich in einem Briefe Leibniz' an Joh. Bernoulli findet: »Si
cum omni schola pro substantia habeamus quod agere aut
pati potest, nihil autem patiatur quin et agat, consequens est
omnem substantiam agere posse[2]).

Es wird nunmehr, nachdem der Begriff der Realität sich
uns als diejenige synthetische Einheit enthüllt hat, die ihr
Schema in der continuirlich, d. h. aus Momenten erwachsenen
Zeit hat, nicht mehr schwer sein, den Zusammenhang zwischen
den Analogien der Erfahrung, zwischen Substanz, Causalität
und Wechselwirkung und schliesslich auch zwischen ihnen und
dem Begriff der Kraft ohne Herbeiziehung der »Handlung« her-
zustellen. Diese ist ein Rest von Anthropomorphismus, das
letzte Ueberbleibsel der Seelensubstanz, nach deren Analogie
noch Leibniz glaubte die körperliche Substanz definiren zu

---

1) S. 191.
2) Math. Schriften III, 625.

8

müssen, ein Irrtum der mit daran schuld gewesen zu sein scheint, dass seine Substanzlehre schliesslich sich nicht zu der Höhe erhoben hat, die man nach der Kraft des ersten Antriebs hätte erwarten dürfen. Bei Kant dagegen ist die Handlung nur noch eine äusserliche Zuthat, mit der es ihm kaum Ernst gewesen ist, und die sich mit leichter Mühe nach Aufstellung eines exacten Realitätsbegriffs eliminiren lässt, ja von Kant selbst in jener bewunderungswürdig präcisen Zusammenfassung unbenutzt geblieben ist, die sich in der Methodenlehre findet, und aus welcher wir den auf die Realität bezüglichen Passus bereits angeführt haben (oben S. 60). Denn dort heisst es: . . . wie fern d i e s e s E t w a s (w e l c h e s R a u m o d e r Z e i t e r f ü l l t[1]) ein erstes Substratum oder blosse Bestimmung sei, eine Beziehung seines Daseins auf etwas Anderes als Ursache oder Wirkung habe, und endlich isolirt oder in wechselseitiger Abhängigkeit mit andern in Ansehung des Daseins stehe . . . . dieses Alles gehöret zum Vernunfterkenntniss aus Begriffen, welches philosophisch genannt wird.« Die Continuität der mechanischen Veränderung hat Kant nicht in dem Masse betont, wie Leibniz, der sich rühmen durfte, sie aufgestellt zu haben[2]); aber die Consequenz aus dieser fundamentalen Qualität alles Geschehens in der Natur hat Kant gezogen, indem er, durch die Newtonschen Grundsätze und die Arten der Relation im Urteil geleitet, erkannte, dass in drei Verhältnisseinheiten alles Formale gegeben ist, dessen die mechanische Naturforschung bedarf. Es wird sich als ein bemerkenswertes Resultat unserer Untersuchung ergeben, dass die Principien des transscendentalen Idealismus sich nicht etwa bloss auf die moderne mechanische Naturauffassung mit ihrem Grundgesetz: der Erhaltung der Energie pfropfen lassen, wie man allenfalls widerwillig zugiebt, sondern

---

1) Das ist das Reale.

2) Doch unterscheidet sie Kant in der »Kritik der reinen Vernunft« ausdrücklich von der räumlichen Continuität: »Das Princip der Continuität verbot in der Reihe der Erscheinungen (Veränderungen) allen Absprung; (in mundo non datur saltus) aber auch in dem Inbegriff aller empirischer Anschauungen im Raume alle Lücke oder Kluft zwischen zwei Erscheinungen (non datur hiatus). (S. 212 und 213).

dass die neuere Naturauffassung selbst aus dem Erdreich des Kriticismus entsprossen ist, Wachsthum und Blüte dem kantisch geschulten Denken verdankt.

In der ersten Ausgabe der Vernunftkritik lautet der »Grundsatz der Beharrlichkeit der Substanz« (erste Analogie) folgendermassen: »Alle Erscheinungen enthalten das Beharrliche (Substanz) als den Gegenstand selbst und das Wandelbare, als dessen blosse Bestimmung, d. i. eine Art, wie der Gegenstand existirt«. Der Beweis hierfür wird so erbracht: »Alle Erscheinungen sind in der Zeit. Diese kann auf zweifache Weise das Verhältniss im Dasein derselben bestimmen, entweder sofern sie nach einander, oder zugleich sind. In Betracht der ersteren wird die Zeit, als Zeitreihe, in Ansehung der zweiten als Zeitumfang betrachtet.«

Hätte man sich hier des Schematismus der reinen Verstandesbegriffe erinsert, so wäre es möglich gewesen, Kant aus seinen eigenen Aufstellungen eine Incorrectheit nachzuweisen. »Die Schemata,« hatte Kant in dem betreffenden Capitel zusammengefasst, »sind daher nichts als Zeitbestimmungen a priori nach Regeln, und diese gehen nach der Ordnung der Kategorien, auf die Zeitreihe, den Zeitinhalt, die Zeitordnung, endlich den Zeitinbegriff in Ansehung aller möglichen Gegenstände[1].« Vom Zeitumfang ist hier keine Rede, wie selbstverständlich; der Zeitumfang ist keine selbständige Zeitbestimmung a priori, vielmehr nur ein anderer, mehr an die Logik sich anlehnender Ausdruck für Zeitreihe; durch beide Worte soll diejenige Zeitbestimmung bezeichnet werden, durch welche die Zeit als Umfang ohne Inhalt constituirt wird. Es würde mithin die Bestimmung des Daseins der Erscheinungen nach notwendiger Zeitfolge (Causalität) und die Bestimmung des Daseins nach notwendigem Zugleichsein (Wechselwirkung) nicht zwei, sondern nur Eine synthetische Einheit erfordern, wenn es keine andere Bestimmung a priori der Zeitordnung gäbe, als die identischen: Zeitreihe und Zeitumfang.

----

1) S. 147.

Kant's Aufrichtigkeit hat den Fehler eher bemerkt, als einer seiner Leser. Der Beweis ist in der zweiten Ausgabe vollkommen umgearbeitet und es tritt in demselben, worauf noch nicht hingewiesen zu sein scheint, ein Begriff auf, der mit zwingender Notwendigkeit erforderlich ist, um das Verhältniss der Substanz zu den andern Kategorien der Relation aufzuklären: die Realität. »Es ist aber das Substrat alles Realen, d. i. zur Existenz der Dinge Gehörigen, die Substanz, an welcher alles, was zum Dasein gehört, nur als Bestimmung kann gedacht werden. Folglich ist das Beharrliche, womit in Verhältniss alle Zeitverhältnisse der Erscheinungen allein bestimmt werden können, die Substanz in der Erscheinung, d. i. das Reale derselben, was als Substrat alles Wechsels immer dasselbe bleibt.«

So lauten einige Sätze im Beweise der zweiten Ausgabe. Weit herzuholen brauchte Kant den Begriff der Realität nicht; war doch schon in der ersten Auflage bei der Schematisirung der Relationskategorien dieser zunächst mathematische Begriff in hervorragender Weise benutzt worden. »Das Schema der Substanz ist die Beharrlichkeit des Realen in der Zeit, d. i. die Vorstellung desselben, als eines Substratum der empirischen Zeitbestimmung überhaupt, welches also bleibt, indem alles Andre wechselt.« »Das Schema der Ursache und der Causalität eines Dinges überhaupt ist das Reale, worauf, wenn es nach Belieben gesetzt wird, jederzeit etwas Anderes folgt. Es besteht also in der Succession des Mannichfaltigen, insofern sie einer Regel unterworfen ist.«

Merkwürdigerweise fehlt dagegen die Realität bei der Schematisirung der Wechselwirkung: »Das Schema der Gemeinschaft (Wechselwirkung) oder der wechselseitigen Causalität der Substanzen in Ansehung ihrer Accidenzen ist das Zugleichsein der Bestimmungen der Einen mit denen der Anderen nach einer allgemeinen Regel«. Doch ist leicht einzusehen, dass auch hier die Realität latent enthalten ist. Aeusserlich lässt sich das schon daran erkennen, dass die Causalität bei der Schematisirung benutzt wird, deren Schema auf Grund des Begriffs der Realität aufgestellt wird. Indessen wird in der Besprechung der ersten Analogie auch ausdrücklich erklärt: »Die Bestimmungen einer Substanz, die nichts Anderes sind, als besondere Arten derselben, zu existiren, heissen Accidenzen. Sie sind jederzeit real, weil sie das Dasein der Substanz betreffen[1].« Wir brauchen daher nur vor dem Wort: »Bestimmungen« das Wort: »realen« zuzufügen, um, durchaus nach Kant's eigenen Aufstellungen, das Schema der Wechselwirkung den Schematen der andern Relations-Kategorien gleichförmig zu machen.

Es kann — wenn anders die Resultate der früheren Capitel richtig sind — kaum mehr zweifelhaft sein, wie der Begriff der Realität dem der Substanz dienstbar zu machen ist, damit er Einheit in die Analogien der Erfahrung bringe.

Der Fluss der Zeit verlangt das Zeitmoment, als ein beharrendes; die Zeit ist ein reales Quantum, insofern sie aus Zeitmomenten erwachsen ist. Es gäbe keine Folge in der Zeit, wenn nicht das Zeitmoment, wegen seiner quantitativen Nichtigkeit beharrte; die transscendentale Realität der Zeit beruht auf der Continuität ihrer Elemente, während ihre Idealität durch ihre unendliche Teilbarkeit, ihre Stetigkeit begründet wird. Insofern ist das Zeitmoment der letzte Grund für die Möglichkeit aller Erkenntniss, denn wir könnten nicht über das πάντα ῥεῖ des Heraklit hinaus, wenn wir nicht, kraft des Zeitmoments, ein Beharrendes, zunächst für die Zeit, die Form aller Erkenntniss, fixiren könnten.

Auf die Mathematik wurde die Anwendung bereits gemacht; das Nebeneinander enthüllt sich als das Nacheinander von zu Zeitmomenten gehörenden Raumelementen, Differentialien. Nunmehr aber treten wir an die Natur heran. Wir finden stetige Veränderungen, das Zugleichsein von Zuständen und ihre Folge. Aber wie dürfen wir von Zuständen reden? Wie sollen wir zu einem Beharrenden kommen, zu einem Dasein? Nehmen wir eine noch so kurze Zeitstrecke, so wird ein sich veränderndes Naturobject am Anfang derselben nicht mehr dasselbe sein, wie am Schluss, denn es steht in ununterbrochener Wechselwirkung mit der gesammten Natur. Und wo Ruhe ist, da hat die Natur-

---

1) S. 178.

forschung wieder nichts zu ergründen; auf die Gesetze der Veränderung geht ihre Aufgabe, so sehr, dass selbst die Ruhe nur als mögliche Veränderung wissenschaftlich begriffen werden kann.

Die Schwierigkeit ist dieselbe, wie bei der Zeit. Die unbestimmte Zeitvorstellung kann der Mathematik nicht zu Grunde gelegt werden; erst wenn durch die Kategorie der Limitation Elemente fixirt sind, kommen wir zur Realität, zum Integral, als einem Daseinsquantum. Auch in der stetigen Veränderung muss mithin, damit der Zusammenhang continuirlich sei, ein Zustand kraft eines Zeitmoments *dt* fixirt werden; dieser Zustand darf, trotzdem er das Moment der Veränderung ist, als Ruhe, als beharrend betrachtet werden. Aber es ist nicht genug, wenn wir ihn als Nicht-Veränderung definiren, ebenso, wie es nicht ausreicht, wenn wir das Zeitmoment als Nichtausgedehnt bezeichnen. Er bedarf einer synthetischen Einheit, damit er methodisch bestimmt sei und diese ist die S u b s t a n z. Daher der erste Teil des Grundsatzes: »Bei allem Wechsel der Erscheinungen beharret die Substanz.«

Die Substanz hängt mit der Zeit auf das innigste zusammen. Nur durch das Beharren der Zeit ist eine beharrende Substanz möglich. Hätten wir in der Zeit nur Teile, die stets wieder weiter geteilt werden könnten, so würden wir in dem Fluss der Veränderungen niemals ein Beharrendes, ein Sein im Werden fixiren können. Deshalb ist es eine Tat tiefster Genialität, dass Kant das Beharren der Substanz aus dem Beharren der Zeit abgeleitet hat. Wie in der Zeit das Beharrende wechselt, »so können wir in einem etwas paradox scheinenden Ausdruck sagen: nur das Beharrliche (die Substanz) wird verändert, das Wandelbare erleidet keine Veränderung, sondern einen W e c h s e l, da einige Bestimmungen aufhören, und andere anheben.«

Erst jetzt haben wir festen Grund: wir fussen auf der Substanz als beharrendem Zustand. Aber indem wir nun daran gehen, den zweiten Teil des Grundsatzes: » . . . und das Quantum derselben (der Substanz) wird in der Natur weder vermehrt noch vermindert,« abzuleiten, stossen wir auf eine nicht ganz unerwartete Schwierigkeit. Wenn unsere Deduction richtig war, so muss, was als Quantum, d. h. als real Geltung haben will, aus Elementarzuwüchsen erstanden sein. Ein Zustand, isolirt betrachtet, ist also nicht real, er muss, um ein Quantum zu werden, in Zusammenhang treten mit allen vorhergehenden; wir bedürfen also des Begriffs der Causalität, um die Substanz als reales Quantum begreifen zu können.

Andrerseits ist aber nicht möglich, über Causalität zu handeln, ohne die Substanz als im Wechsel der Erscheinungen beharrendes Quantum aufgestellt zu haben. »Alle Veränderungen geschehen nach dem Gesetze der Verknüpfung der Ursache und Wirkung,« lautet die zweite Analogie, der »Grundsatz der Zeitfolge nach dem Gesetze der Causalität.« Unter der ersten Analogie aber hatte Kant gelehrt: »Veränderung kann daher nur an Substanzen wahrgenommen werden, und das Entstehen oder Vergehen schlechthin, ohne dass es bloss eine Bestimmung des Beharrlichen betreffe, kann gar keine mögliche Wahrnehmung sein, weil eben dieses Beharrliche die Vorstellung von dem Uebergange aus einem Zustande in den andern, und vom Nichtsein zum Sein, möglich macht . . . [1]) Ur-Sachen können wir erst annehmen, wenn in der stetigen Veränderung beharrende, continuirlich sich folgende Zustände auf Grund successiver Zeitmomente fixirt sind.

Man muss sich den eigentümlichen Zusammenhang zwischen den beiden ersten Analogien ganz klar machen, um die Notwendigkeit einer dritten zu begreifen. Die Substanz ist die Bedingung aller Kategorien, weil ohne ein Beharrendes keine Veränderung bestimmt werden könnte, »daher denn auch diese Kategorie unter dem Titel der Verhältnisse steht, mehr, als die Bedingung derselben, als dass sie selbst ein Verhältniss enthielte.« Sobald aber der zweite Teil des Beharrungs-Grundsatzes, welcher fordert, dass die Substanz ein beharrendes Quantum sei, ausgesprochen werden soll, müssen vorher die beharrenden Zustände durch den Causalitätsbegriff in einen notwendigen Zusammenhang gebracht werden; verschieden

---

[1]) S. 179.

Inhalt.